秋史書體

千字文

㈜이화문화출판사

# 序 서 文 문

  천자문(千字文)은 주흥사(周興嗣)가 양무제(梁武帝)의 명(命)을 받아 지어진 글로서 우리나라에서는 고대(古來)로부터 학문(學問)의 기초교재(基礎敎材)로 초학자(初學者)가 반드시 읽어왔던 글입니다.

  저자가 이 천자문(千字文)을 추사서체(秋史書體)로 쓰게된 것은 글과 서체(書體)가 너무 훌륭하여 장래(將來) 사람들이 천자문(千字文)과 추사서체(秋史書體)를 같이 공부(工夫)함에 도움이 되었으면 합니다.

丙申春 松浦 李亨雨

天 하늘 천

地 땅 지

하늘과 땅은 검고 누르며,

玄 검을 현

黃 누를 황

宇 집 우

宙 집 주

우주는 넓고 크다.

洪 넓을 홍

荒 거칠 황

天地玄黃

宇宙洪荒

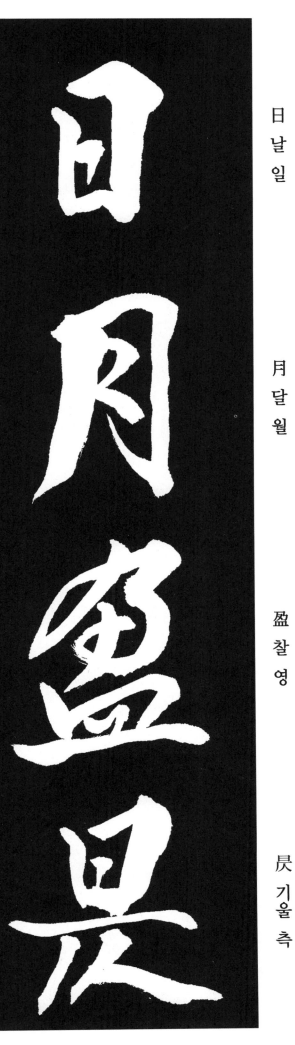

日 날 일

月 달 월

盈 찰 영

昃 기울 측

해와 달은 차고 기울며、

辰 별 진

宿 잘 숙

列 베풀 열

張 베풀 장

별은 벌려 있다。

日月盈昃

辰宿列張

寒 찰 한

來 올 래

暑 더울 서

往 갈 왕

추위가 오면 더위는 가며、

寒來暑往

秋 가을 추

收 거둘 수

冬 겨울 동

藏 감출 장

가을에는 거두어들이고 겨울에는 갈무리한다。

秋收冬藏

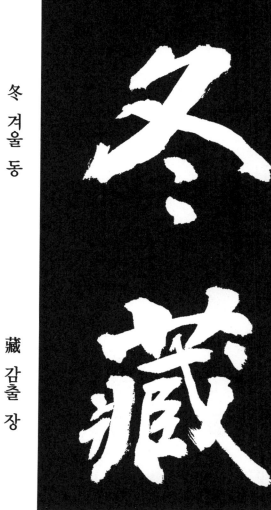

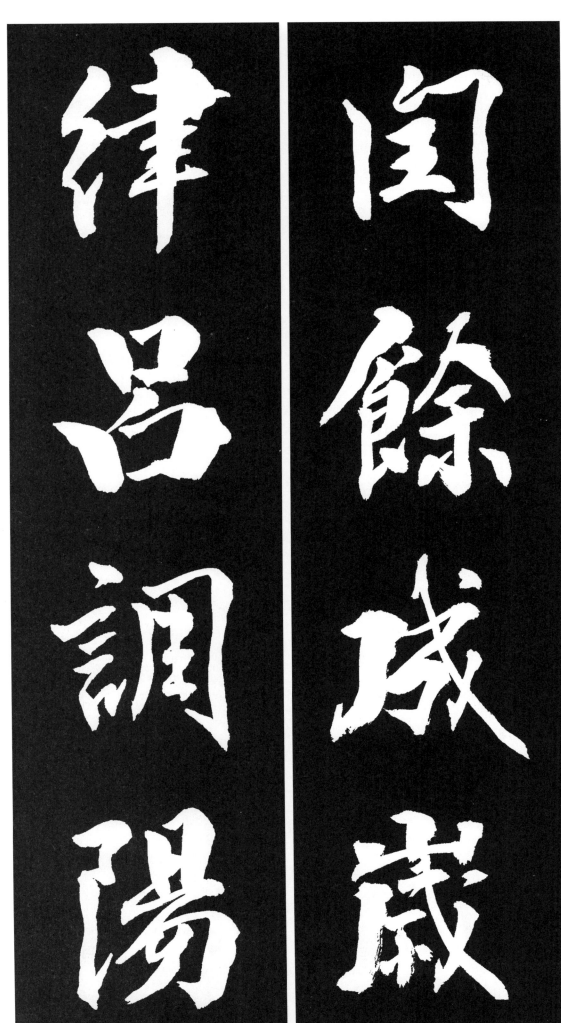

閏 윤달 윤

餘 남을 여

成 이룰 성

歲 해 세

남는 윤달로 해를 완성하며,

律 법칙 률

呂 법칙 려

調 고를 조

陽 볕 양

음율로 음양을 조화시킨다.

7

雲 구름 운

騰 오를 등

致 이를 치

雨 비 우

구름이 날아 비가 되고、

露 이슬 로

結 맺을 결

爲 할 위

霜 서리 상

이슬이 맺혀 서리가 된다。

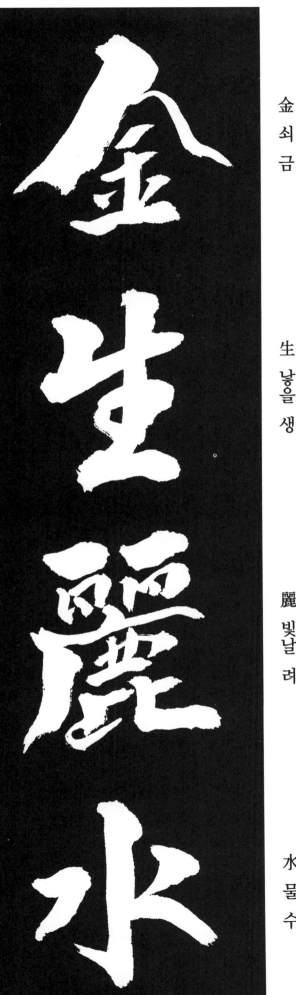

金 쇠 금

生 낳을 생

麗 빛날 려

水 물 수

금(金)은 여수(麗水)에서 나고、

玉 구슬 옥

出 날 출

崑 뫼 곤

岡 메 강

옥(玉)은 곤륜산(崑崙山)에서 난다。

9

劍 칼 검

號 이름 호

칼에는 거궐(巨闕)이 있고,

巨 클 거

闕 집 궐

珠 구슬 주

稱 일컬을 칭

구슬에는 야광주(夜光珠)가 있다.

夜 밤 야

光 빛 광

菜 나물 채

重 무거울 중

芥 겨자 개

薑 생강 강

채소 중에서는 겨자와 생강을 소중히 여긴다。

果 과실 과

珍 보배 진

李 오얏 리

柰 벗 내

과일 중에서는 오얏과 벗이 보배스럽고、

11

海 바다 해

鹹 짤 함

河 물 하

淡 맑을 담

바닷물은 짜고 민물은 싱거우며,

鱗 비늘 린

潛 잠길 잠

羽 깃 우

翔 날개 상

비늘 있는 고기는 물에 잠기고 날개 있는 새는 날아다닌다.

12

龍師火帝

龍 용 룡

師 스승 사

火 불 화

帝 임금 제

관직을 용으로 나타낸 복희씨(伏羲氏)와 불을 숭상한 신농씨(神農氏)가 있고、

鳥官人皇

鳥 새 조

官 벼슬 관

人 사람 인

皇 임금 황

관직을 새로 기록한 소호씨(少昊氏)와 인문(人文)을 개명한 인황씨(人皇氏)가 있다。

乃 이에 내

服 옷 복

衣 옷 의

裳 치마 상

옷을 만들어 입게 했다。

始 비로소 시

制 지을 제

文 글월 문

字 글자 자

비로소 문자를 만들고、

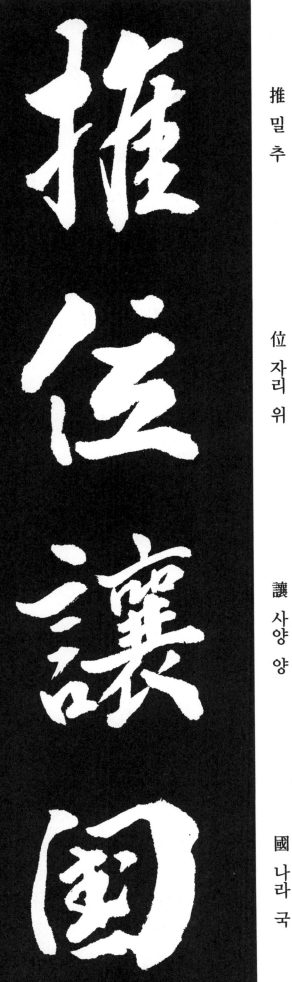

推 밀 추

位 자리 위

讓 사양 양

國 나라 국

推位讓國

자리를 물려주어 나라를 양보한 것은,

有 있을 유

虞 염려할 우 / 나라 우

陶 질그릇 도

唐 당나라 당

有虞陶唐

도당 요(堯)임금과 유우 순(舜)임금이다.

弔 조상 조

民 백성 민

伐 칠 벌

罪 허물 죄

백성들을 위로하고 죄지은 이를 친 사람은,

周 두루 주

發 필 발

殷 나라 은

湯 끓을 탕

주나라 무왕(武王) 발(發)과 은나라 탕왕(湯王)이다.

坐 앉을 좌

朝 아침 조

問 물을 문

道 길 도

조정에 앉아 다스리는 도리를 물으니,

垂 드릴 수

拱 꼬질 공

平 평할 평

章 글장 장

옷 드리우고 팔짱끼고 있지만 공평하고 밝게 다스려진다.

愛 사랑 애

育 기를 육

黎 검을 려

首 머리 수

백성을 사랑하고 기르니、

臣 신하 신

伏 엎드릴 복

戎 되 융

羌 되 강

오랑캐들까지도 신하로서 복종한다。

遐 멀 하

邇 가까울 이

壹 한 일

體 몸 체

먼 곳과 가까운 곳이 똑같이 한 몸이 되어,

率 거느릴 솔

賓 손 빈

歸 돌아갈 귀

王 임금 왕

서로 이끌고 복종하여 임금에게로 돌아온다.

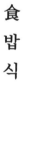

鳴 울 명

鳳 새 봉

봉황새는 울며 나무에 깃들어 있고,

在 있을 재

樹 나무 수

白 흰 백

駒 망아지 구

흰 망아지는 마당에서 풀을 뜯는다.

食 밥 식

場 마당 장

20

化 조화 화

被 입을 피

草 풀 초

木 나무 목

밝은 임금의 덕화가 풀이나 나무까지 미치고、

賴 힘입을 뢰

及 미칠 급

萬 일만 만

方 모 방

그 힘입음이 온누리에 미친다。

盖 덮을 개

此 이 차

身 몸 신

髮 터럭 발

대개 사람의 몸과 터럭은

四 넉 사

大 큰 대

五 다섯 오

常 항상 상

사대와 오상으로 이루어졌다.

恭 공손 공

惟 오직 유

鞠 칠 국

養 기를 양

부모가 길러주신 은혜를 공손히 생각한다면、

豈 어찌 기

敢 용감할 감

毀 헐 훼

傷 상할 상

어찌 함부로 이 몸을 더럽히거나 상하게 할까.

女 계집 녀

慕 사모할 모

貞 곧을 정

烈 매울 열

여자는 정렬(貞烈)한 것을 사모하고、

男 사내 남

效 본받을 효

才 재주 재

良 어질 량

남자는 재주 있고 어진 것을 본받아야 한다。

知 알 지

過 지날 과

必 반드시 필

改 고칠 개

得 얻을 득

能 능할 능

莫 말 막

忘 잊을 망

자기의 허물을 알면 반드시 고치고,

능히 실행할 것을 얻었거든 잊지 말아야 한다.

罔 없을 망

談 말씀 담

彼 저 피

短 짧을 단

남의 단점을 말하지 말며,

靡 아닐 미

恃 믿을 시

己 몸 기

長 긴 장

나의 장점을 믿지 말라。

罔談彼短

靡恃己長

信 믿을 신

使 사신 사

可 옳을 가

覆 덮을 복

믿음 가는 일은 거듭해야 하고,

器 그릇 기

欲 하고자할 욕

難 어려울 난

量 헤아릴 량

그릇됨은 헤아리기 어려워야 한다.

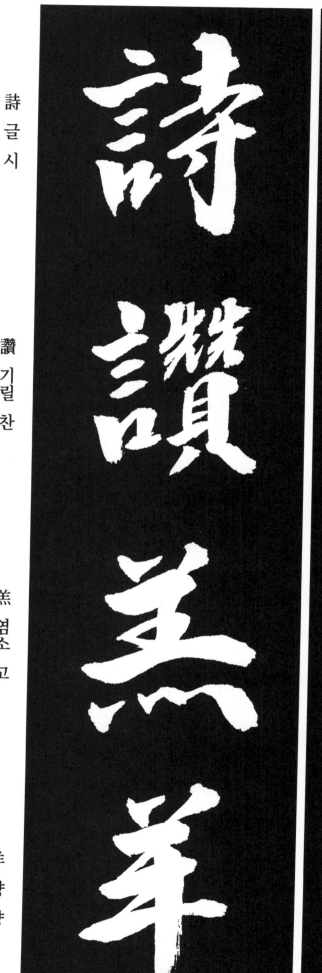

墨 먹 묵

悲 슬플 비

絲 실 사

染 물들일 염

묵자(墨子)는 실이 물들여지는 것을 슬퍼했고、

詩 글 시

讚 기릴 찬

羔 염소 고

羊 양 양

시경(詩經)에서는 고양편(羔羊編)을 찬미했다.

景行維賢　克念作聖

景 경치 경

行 다닐 행

維 얽을 유

賢 어질 현

행동을 빛나게 하는 사람이 어진 사람이요、

克 이길 극

念 생각 념

作 지을 작

聖 성인 성

힘써 마음에 생각하면 성인이 된다。

29

德 큰 덕

建 세울 건

名 이름 명

立 설 립

덕이 서면 명예가 서고、

形 얼굴 형

端 끝 단

表 겉 표

正 바를 정

형모(形貌)가 단정하면 의표(儀表)도 바르게 된다。

空 빌 공

谷 골 곡

傳 전할 전

聲 소리 성

성현의 말은 마치 빈 골짜기에 소리가 전해지듯이 멀리 퍼져 나가고、

虛 빌 허

堂 집 당

習 익힐 습

聽 들을 청

사람의 말은 아무리 빈집에서라도 신(神)은 익히 들을 수가 있다。

福 복 복

緣 인연 연

善 착할 선

慶 경사 경

착하고 경사스러운 일로 인해서 복은 생긴다.

禍 재화 화

因 인할 인

惡 모질 악

積 쌓을 적

악한 일을 하는 데서 재앙은 쌓이고、

尺 자 척

璧 구슬 벽

한 자 되 는 큰 구슬이 보배가 아니다.

菲 아닐 비

寶 보배 보

寸 마디 촌

陰 그늘 음

한 치의 짧은 시간이라도 다투어야 한다.

是 이 시

競 다툴 경

資 자료 자

父 아버지 부

事 일 사

君 임금 군

아비 섬기는 마음으로 임금을 섬겨야 하니,

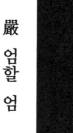

曰 갈 왈

嚴 엄할 엄

與 더불 여

敬 공경할 경

그것은 존경하고 공손히 하는 것뿐이다.

孝 효도 효

當 마땅할 당

竭 다할 갈

力 힘 력

효도는 마땅히 있는 힘을 다해야 하고、

忠 충성 충

則 법칙 칙(즉)

盡 다할 진

命 목숨 명

충성은 곧 목숨을 다해야 한다。

臨 임할 임

深 깊을 심

履 밟을 리

薄 얇을 박

깊은 물가에 다다른 듯 살얼음 위를 걷듯이 하고、

夙 이를 숙

興 흥할 흥

溫 따뜻할 온

淸 서늘할 정(청)

일찍 일어나 부모의 따뜻한가 서늘한가를 보살핀다。

似 같을 사

蘭 난초 란

斯 이 사

馨 꽃다울 형

난초같이 향기롭고,

如 같을 여

松 소나무 송

之 갈 지

盛 성할 성

소나무처럼 무성하다.

川 내 천

流 흐를 유

不 아닐 불

息 쉴 식

냇물은 흘러 쉬지 않고、

淵 못 연

澄 맑을 징

取 취할 취

暎 비칠 영

연못물은 맑아서 온갖 것을 비친다。

言 말씀 언

辭 말씀 사

安 편안 안

定 정할 정

말은 안정되게 해야 한다.

容 얼굴 용

止 그칠 지

若 같을 약

思 생각 사

얼굴과 거동은 생각하듯하고、

篤 두터울 독

初 처음 초

誠 정성 성

美 아름다울 미

처음을 독실하게 하는 것이 참으로 아름답고、

愼 삼갈 신

終 마지막 종

宜 마땅 의

令 하여금 영(령)

끝맺음을 조심하는 것이 마땅하다。

40

榮 영화 영

業 업 업

所 바 소

基 터 기

영달과 사업에는 반드시 기인하는 바가 있게 마련이며,

籍 호적 적

甚 심할 심

無 없을 무

竟 마침내 경

그래야 명성이 끝이 없을 것이다.

學 배울 학

優 넉넉할 우

登 오를 등

仕 벼슬 사

배움이 넉넉하면 벼슬에 오르고,

攝 잡을 섭

職 일 직

從 쫓을 종

政 정사 정

직무를 맡아 정치에 종사할 수 있다.

42

存 있을 존

以 써 이

甘 달 감

棠 아가위 당

소공(召公)이 감당나무 아래 머물고,

去 갈 거

而 말이을 이

益 더할 익

詠 읊을 영

떠난 뒤엔 감당시로 더욱 칭송하여 읊는다.

樂 풍류 악／즐거울 락／좋아할 요

殊 다를 수

貴 귀할 귀

賤 천할 천

풍류는 귀천에 따라 다르고、

禮 예도 예

別 다를 별

尊 높을 존

卑 낮을 비

예의도 높낮음에 따라 다르다。

44

上 윗 상

和 화할 화

下 아래 하

睦 화목할 목

윗사람이 온화하면 아랫사람도 화목하고,

夫 남편 부

唱 부를 창

婦 며느리 부

隨 따를 수

지아비는 이끌고 지어미는 따른다.

外 밖 외

受 받을 수

傅 스승 부

訓 가르칠 훈

밖에 나가서는 스승의 가르침을 받고,

入 들 입

奉 받들 봉

母 어미 모

儀 거동 의

안에 들어와서는 어머니의 거동을 받든다.

諸 모두 제

姑 할미 고

伯 맏 백

叔 아저씨 숙

모든 고모와 아버지의 형제들은,

猶 같을 유

子 아들 자

比 견줄 비

兒 아이 아

조카를 자기 아이처럼 생각하고,

孔 구멍 공

懷 품을 회

兄 맏 형

弟 아우 제

가장 가깝게 사랑하여 잊지 못하는 것은 형제간이니,

同 같을 동

氣 기운 기

連 연할 연

枝 가지 지

동기간은 한 나무에서 이어진 가지와 같기 때문이다.

交 사귈 교

友 벗 우

投 던질 투

分 나눌 분

벗을 사귐에는 분수를 지켜 의기를 투합해야 하며,

切 자를 절

磨 갈 마

箴 경계 잠

規 법 규

학문과 덕행을 갈고 닦아 서로 경계하고 바르게 인도해야 한다.

仁 어질 인

慈 인자할 자

隱 숨을 은

惻 슬플 측

어질고 사랑하며 측은히 여기는 마음이

造 지을 조

次 버금 차

弗 아닐 불／말 불

離 떠날 리

잠시라도 마음속에서 떠나서는 안된다.

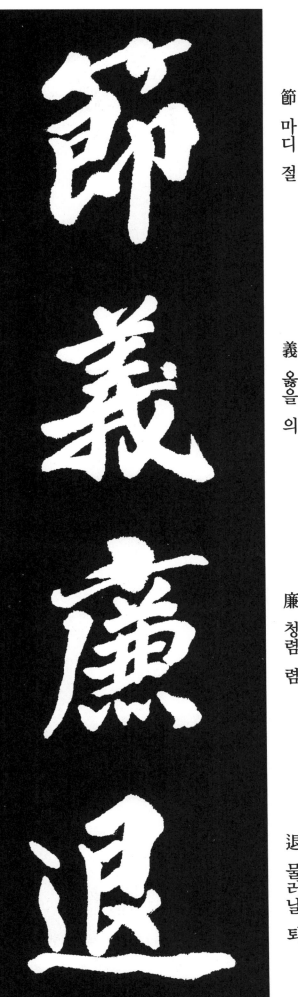

節 마디 절

義 옳을 의

廉 청렴 렴

退 물러날 퇴

절의와 청렴과 물러감은

顚 기울어질 전

沛 자빠질 패

匪 아닐 비

虧 이지러질 휴

어려운 가운데에서도 이지러져서는 안 된다.

性 성품 성

靜 고요 정

情 뜻 정

逸 편안할 일

성품이 고요하면 마음이 편안하고、

心 마음 심

動 움직일 동

神 귀신 신

疲 가쁠 피

마음이 흔들리면 정신이 피로해진다。

守 지킬 수

眞 참 진

志 뜻 지

滿 찰 만

참됨을 지키면 뜻이 가득해지고,

逐 쫓을 축

物 만물 물

意 뜻 의

移 옮길 이

물욕을 좇으면 생각도 이리저리 옮겨진다.

堅 持 雅 操 好 爵 自 縻

堅 굳을 견

올바른 지조를 굳게 가지면,

持 가질 지

雅 맑을 아

操 잡을 조

好 좋을 호

爵 벼슬 작

自 스스로 자

縻 얽을 미

높은 지위는 스스로 그에게 얽히어 이른다.

都 도읍 도

邑 고을 읍

華 빛날 화

夏 여름 하

화하(華夏)의 도읍에는

東 동녘 동

西 서녘 서

二 두 이

京 서울 경

동경(洛陽)과 서경(長安)이 있다.

55

背 등 배

邙 터 망

面 낯 면

洛 락수 락

낙양은 북망산을 등 뒤로 하여 낙수를 앞에 두고,

浮 뜰 부

渭 위수 위

據 웅거할 거

涇 경수 경

장안은 위수에 떠 있는 듯 경수를 의지하고 있다.

宮 집 궁

殿 대궐 전

盤 서릴 반

鬱 답답 울

궁(宮)과 전(殿)은 빽빽하게 들어찼고、

樓 다락 루

觀 볼 관

飛 날 비

驚 놀랄 경

누(樓)와 관(觀)은 새가 하늘을 나는 듯 솟아 놀랍다。

圖 그림 도

寫 베낄 사

새와 짐승을 그린 그림이 있고、

禽 날짐승 금／새 금

獸 짐승 수

畵 그림 화

彩 채색 채

仙 신선 선

신선들의 모습도 채색하여 그렸다.

靈 신령 령

丙 남녘 병

舍 집 사

傍 곁 방

啓 열 계

신하들이 쉬는 병사의 문은 정전(正殿) 곁에 열려 있고,

甲 갑옷 갑

帳 장막 장

對 대답 대

楹 기둥 영

화려한 휘장이 큰 기둥에 둘려 있다.

肆 베풀 사

筵 자리 연

設 베풀 설

席 자리 석

자리를 만들고 돗자리를 깔고서、

肆 筵 設 席

鼓 북 고

瑟 비파 슬

吹 불 취

笙 저 생

비파를 뜯고 생황저를 분다.

鼓 瑟 吹 笙

陞 오를 승

階 뜰 계

섬돌을 밟으며 궁전에 들어가니,

納 바칠 납

陛 섬돌 폐

弁 고깔 변

轉 구를 전

관(冠)에 단 구슬들이 돌고 돌아 별이 아닌가 의심스럽다.

疑 의심할 의

星 별 성

61

右 오른 우

通 통할 통

廣 넓을 광

內 안 내

오른쪽으로는 광내전에 통하고、

右通廣內

左 왼 좌

達 통달할 달

承 이을 승

明 밝을 명

왼쪽으로는 승명려에 다다른다.

左達承明

旣 이미 기

集 모을 집

墳 무덤 분

典 법 전

亦 또 역

聚 걷을 취

群 무리 군

英 꽃부리 영

이미 삼분(三墳)과 오전(五典) 같은 책들을 모으고,

뛰어난 뭇 영재들도 모았다.

杜 막을 두

藁 짚 고

鍾 쇠북 종

隷 글씨 예 / 종 례

글씨로는 두조(杜操)의 초서와 종요(鍾繇)의 예서가 있고、

漆 옻칠 칠

書 글 서

壁 벽 벽

經 글 경 / 줄 경

글로는 과두(蝌蚪)의 글과 공자의 옛집 벽 속에서 나온 경서가 있다。

府 마을 부

羅 벌릴 라

將 장수 장

相 서로 상

관부에는 장수와 정승들이 모여 있고,

路 길 로

俠 낄 협

槐 괴화 괴

卿 벼슬 경

길은 공경(公卿)의 집들을 끼고 있다.

戸 문 호

封 봉할 봉

八 여덟 팔

縣 고을 현

귀척(貴戚)이나 공신에게 팔현(八縣)을 봉하고、

家 집 가

給 줄 급

千 일천 천

兵 군사 병

그들의 집에는 많은 군사를 주었다。

高 높을 고

冠 갓 관

陪 모실 배

輦 연 련

높은 관(冠)을 쓰고 임금의 수레를 모시니,

驅 몰 구

轂 바퀴 곡

振 떨칠 진

纓 갓끈 영

수레를 몰 때마다 갓끈이 흔들린다.

世 인간 세

祿 녹 록

侈 사치할 치

富 부자 부

대대로 받은 봉록은 사치하고 풍부하며,

車 수레 거(차)

駕 멍에 가

肥 살찔 비

輕 가벼울 경

말이 살찌니 수레는 가볍기만 하다.

策 꾀 책

功 공 공

茂 무성할 무

實 열매 실

공신을 책록하여 실적을 세우도록 힘쓰게 하고、

勒 굴레 륵

碑 비석 비

刻 새길 각

銘 새길 명

비석에 찬미하는 내용을 새긴다。

策 功 茂 實

勒 碑 刻 銘

磻 돌 반

溪 시내 계

伊 저 이

尹 다스릴 윤

주문왕(周文王)은 반계에서 강태공을 얻고 은탕왕(殷湯王)은 신야(莘野)에서 이윤을 맞으니,

佐 도울 좌

時 때 시

阿 언덕 아

衡 저울대 형

그들은 때를 도와 재상 아형(阿衡)의 지위에 올랐다.

奄 문득 엄

宅 집 택

曲 굽을 곡

阜 언덕 부

큰 집을 곡부(曲阜)에 정해주었으니、

微 작을 미

旦 아침 단

孰 누구 숙

營 경영 영

그들이 아니면 누가 경영할 수 있었으랴。

桓 굳셀 환

公 귀 공

匡 바를 광

合 모을 합

제나라 환공은 천하를 바로잡아 제후를 모으고,

濟 건널 제

弱 약할 약

扶 붙을 부

傾 기울 경

약한 자를 구하고 기우는 나라를 도와서 일으켰다.

綺 回 漢 惠

綺 비단 기

回 돌아올 회

漢 한수 한

惠 은혜 혜

기리계(綺理季) 등은 한나라 혜제(惠帝)의 태자 자리를 회복시키고、

說 感 武 丁

說 말할 설

感 느낄 감

武 호반 무

丁 장정 정

부열(傅說)은 무정(武丁)의 꿈에 나타나 그를 감동시켰다。

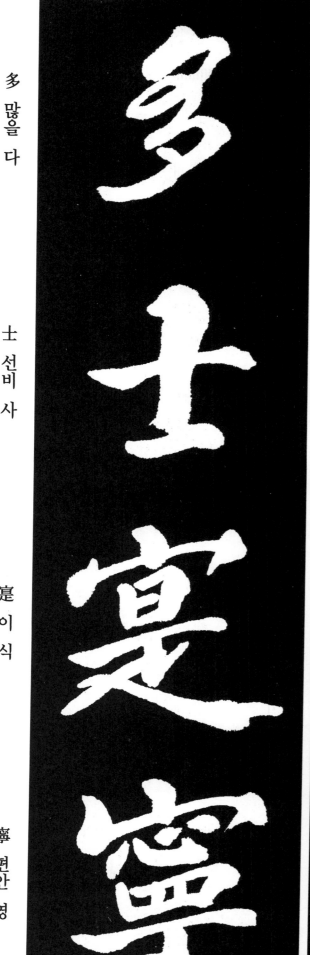

俊 준걸 준

乂 재조 예

재주와 덕을 지닌 이들이 부지런히 힘쓰고,

密 빽빽할 밀

勿 말 물

多 많을 다

많은 인재들이 있어 나라는 실로 편안했다.

士 선비 사

寔 이 식

寧 편안 영

74

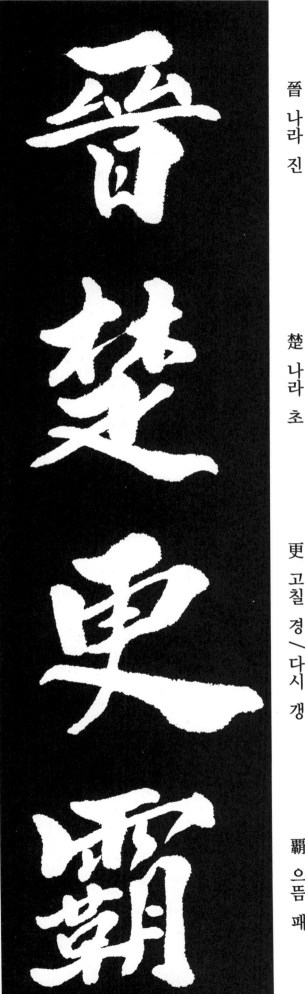

晉 나라 진

楚 나라 초

更 고칠 경／다시 갱

覇 으뜸 패

진문공(晉文公)과 초장왕(楚莊王)은 번갈아 패자가 되었고、

趙 나라 조

魏 나라 위

困 곤할 곤

橫 비낄 횡

조(趙)나라와 위(魏)나라는 연횡책(連橫策) 때문에 곤란을 겪었다.

假 거짓 가

途 길 도

滅 멸할 멸

虢 나라 괵

진헌공(晉獻公)은 길을 물어 괵(虢)나라를 멸했고、

踐 밟을 천

土 흙 토

會 모일 회

盟 맹서 맹

진문공(晉文公)은 제후를 천토대(踐土臺)에 모아 맹세하게 했다。

76

何 어찌 하

遵 좇을 준

約 언약 약

法 법 법

何遵約法

소하(蕭何)는 줄인 약법을 지켰고、

韓 나라 한

弊 해질 폐

煩 번거로울 번

刑 형벌 형

韓弊煩刑

한비(韓非)는 번거로운 형법으로 폐해를 가져왔다。

起 일어날 기

翦 갈길 전

頗 자못 파

牧 칠 목

진(秦)나라의 백기(白起)와 왕전(王翦)、

用 쓸 용

軍 군사 군

最 가장 최

精 정할 정／스를 정

조나라의 염파(廉頗)와 이목(李牧)은 군사술이 가장 정밀하게 했다。

宣 威 沙 漠

이 장군들은 그 위엄을 사막에까지 펼치니,

宣 베풀 선

威 위엄 위

沙 모래 사

漠 아득할 막

馳 譽 丹 青

그 명예를 채색으로 그려서 전했다.

馳 달릴 치

譽 칭찬할 예

丹 붉을 단

青 푸를 청

九 아홉 구

州 고을 주

禹 임금 우

跡 발자취 적

중국을 구주(九州)로 나눈 것은 우임금의 공적이요

百 일백 백

郡 고을 군

秦 나라 진

并 아우를 병

백군(百郡)으로 나눈 것은 진나라 시왕(始王)의 큰 공이다.

嶽 산마루 악

宗 근본 종

恒 항상 항

岱 산이름 대

오악(五嶽) 중에는 항산(恒山)과 태산(泰山)이 으뜸이고,

禪 사양할 선

主 임금 주

云 이를 운

亭 정자 정

봉선(封禪) 제사는 운운산(云云山)과 정정산(亭亭山)에서 주로 하였다.

雁 기러기 안

門 문 문

紫 붉을 자

塞 막을 색

기러기 날으는 안문(雁門) 궐에는 만리장성의 요새가 있고,

鷄 닭 계

田 밭 전

赤 붉을 적

城 재 성

그 앞에는 계전과 적성이 있다.

昆 맏 곤

고면현에는 곤지(昆池)가 있고 동해안에는 높이 솟은 갈석산이 있고

池 못 지

碣 돌 갈

石 돌 석

鉅 톱 거

태산 동편에는 거야(鉅野)라는 넓은 평야가 있으며 중국 최대의 동정호(洞庭湖)가 있다.

野 들 야

洞 고을 동

庭 뜰 정

曠遠綿邈 巖岫杳冥

曠 빌 광

遠 멀 원

綿 솜 면

邈 멀 막

너무나 멀어 끝없이 아득하고、

巖 바위 암

岫 뫼뿌리 수

杳 아득할 묘

冥 어두울 명

바위와 산은 그윽하여 깊고 어두워 보인다。

治本於農

治 다스릴 치

本 근본 본

於 늘어·어조사 어

農 농사 농

천하를 다스리는 근본을 농업으로 삼아、

務茲稼穡

務 힘쓸 무

茲 이 자

稼 심을 가

穡 거둘 색

심고 거두기를 힘쓰게 하였다。

俶 비로소 숙

載 실을 재

南 남녘 남

畝 이랑 묘

봄이 되면 남쪽 이랑에서 일을 시작하니,

我 나 아

藝 재주 예

黍 기장 서

稷 피 직

우리는 기장과 피를 심으리라.

稅 부세 세

熟 익힐 숙

貢 바칠 공

新 새 신

익은 곡식으로 세금을 내고 새 곡식으로 종묘에 제사를 지내니,

勸 권할 권

賞 상줄 상

黜 내칠 출

陟 오를 척

권면하고 상을 주되 무능한 사람은 내치고 유능한 사람은 등용한다.

孟 맏 맹

軻 수레 가

敦 도타울 돈

素 흴 소

맹자(孟子)는 행동이 소박하고 돈독하였고,

史 사기 사

魚 물고기 어

秉 잡을 병

直 곧을 직

사어(史魚)는 직간(直諫)을 잘 하였다.

庶 뭇 서

幾 몇 기

中 가운데 중

庸 떳떳할 용

중용(中庸)에 가까워지기를 바란다면,

勞 수고할 로

謙 겸손 겸

謹 삼가할 근

勅 칙서 칙

근로하고 겸손하며 과실이 없도록 근신해야 한다.

聆 들을 령

音 소리 음

소리를 들어 이치를 살피며、

察 살필 찰

理 다스릴 리

鑑 거울 감

貌 모양 모

辨 분별 변

모습을 거울삼아 낯빛을 분별한다.

色 빛 색

貽 끼칠 이

厥 그 궐

嘉 아름다울 가

猷 꾀 유

홀륭한 계획을 후손에게 남기고、

勉 힘쓸 면

其 그 기

祗 공경 지

植 심을 식

공경히 선조들의 계획을 이어나가길 힘써라。

省 살필 성

躬 몸 궁

譏 나무랄 기

誡 경계 계

자기 몸을 살피고 남의 비방을 경계하며,

寵 고일 총

增 더할 증

抗 겨룰 항

極 극진할 극

은총이 날로 더하면 항거심(抗拒心)이 극에 달함을 알라.

殆辱近恥

위태로움과 욕됨은 부끄러움에 가까우니,

林皐幸卽

林 수풀 림

皐 언덕 고

幸 다행 행

卽 곧 즉

숲 우거진 언덕으로 나아감이 다행한 일이다.

兩 두 양

疏 글 소

見 볼 견

機 틀 기

한대(漢代)의 소광(疏廣)과 소수(疏受)는 기회를 보아 인끈을 풀어 놓고 가버렸으니,

解 풀 해

組 짤 조

誰 누구 수

逼 가까울 핍

누가 그 행동을 막을 수 있으리오.

索 찾을 색

居 살 거

閑 한가할 한

處 곳 처

한적한 곳을 찾아 사니,

沈 잠길 침

默 잠잠할 묵

寂 고요할 적

寥 고요 요

말 한마디도 없이 고요하기만 하다.

求 구할 구

古 옛 고

尋 찾을 심

論 의논 론

옛 사람의 글을 구하고 도(道)를 찾으며,

散 흩을 산

慮 생각 려

逍 노닐 소

遙 멀 요

모든 심려를 흩어버리고 평화로이 노닌다.

欣 기쁠 흔

奏 아뢸 주

累 여러 누

遣 보낼 견

기쁨은 모여들고 번거로움은 사라지니,

感 슬플 척

謝 사례 사

歡 즐길 환

招 부를 초

슬픔은 물러가고 즐거움이 온다.

渠 개천 거

荷 짐 하

的 과녁 적

歷 지낼 역

도랑의 연꽃은 곱고 분명하며,

園 동산 원

莽 풀 망

抽 빼낼 추

條 조목 조

동산에 우거진 풀들은 쭉쭉 빼어나다.

枇 나무 비

杷 나무 파

晚 늦을 만

翠 푸를 취

비파나무 잎새는 늦도록 푸르고、

梧 오동 오

桐 오동 동

早 이를 조

凋 마를 조

오동나무 잎새는 일찍부터 시든다.

陳 베풀 진

根 뿌리 근

委 맡길 위

翳 가릴 예

묵은 뿌리들은 버려져 있고、

落 떨어질 락

葉 잎사귀 엽

飄 날릴 표

颻 날릴 요

떨어진 나뭇잎은 바람따라 흩날린다。

遊 놀 유

鯤 고기 곤

獨 홀로 독

運 운전 운

노는 곤이 새만이 홀로 움직여

凌 업신여길 릉

摩 만질 마

絳 붉을 강

霄 하늘 소

붉은 노을의 하늘에서 마음대로 날아다닌다.

耽 즐길 탐

讀 읽을 독

翫 구경 완

市 저자 시

저잣거리 책방에서 글 읽기에 흠뻑 빠져,

寓 붙일 우

目 눈 목

囊 주머니 낭

箱 상자 상

정신 차려 자세히 보니 마치 글을 주머니나 상자 속에 갈무리하는 것 같다.

易 쉬울 이

輶 가벼울 유

攸 바 유

畏 두려울 외

군자는 말을 가볍고 쉽게 해서는 아니되며

屬 붙일 속

耳 귀 이

垣 담 원

墙 담 장

남이 담에 귀를 기울여 듣는 것처럼 조심하라.

具 갖출 구

膳 반찬 선

飧 밥 손

飯 밥 반

반찬을 갖추어 밥을 먹으니,

適 마칠 적

口 입 구

充 채울 충

腸 창자 장

입맛에 맞아 장을 채운다.

飽 배부를 포

飫 배부를 어

烹 삶을 팽

宰 재상 재

배부르면 아무리 맛있는 요리도 먹기 싫고,

飢 주릴 기

厭 싫을 염

糟 재강 조／지게미 조

糠 겨 강

굶주리면 술지게미와 쌀겨도 만족스럽다.

老 늙을 로(노)

少 젊을 소

異 다를 이

糧 양식 량

노인과 젊은이의 음식을 달리해야 한다。

親 친할 친

戚 겨레 척

故 연고 고

舊 옛 구

친척이나 친구들을 대접할 때는、

妾 첩 첩

御 모실 어

績 길쌈 적

紡 길쌈 방

첩은 길쌈을 하고、

侍 모실 시

巾 수건 건

帷 장막 유

房 방 방

아내는 안방에서 수건과 빗을 가지고 남편을 섬긴다。

紈 깁 환

扇 부채 선

圓 둥글 원

潔 밝을 결

비단 부채는 둥글고 깨끗하며,

銀 은 은

燭 촛불 촉

煒 빛날 위

煌 빛날 황

은빛 촛불은 휘황하게 빛난다.

108

晝 낮 주

眠 잠잘 면

夕 저녁 석

寐 잠잘 매

낮에 낮잠자고 또한 밤에 일찍 자며

藍 쪽 람

筍 대순 순

象 코끼리 상

床 상 상

푸른 대나무와 상아로 장식한 침상이라.

絃 줄 현

歌 노래 가

酒 술 주

讌 잔치 연

연주하고 노래하는 잔치마당에서는、

絃歌酒讌

接 이을 접

杯 잔 배

擧 들 거

觴 잔 상

잔을 주고받기도 한다。

接杯擧觴

矯 들 교

手 손 수

頓 두드릴 돈

足 발 족

손을 들고 발을 들어 춤을 추니、

悅 기쁠 열

豫 기쁠 예

且 또 차

康 편안 강

기쁘고도 편안하다。

嫡 맏 적

後 뒤 후

嗣 이을 사

續 이를 속

적자는 가문의 대를 이어,

祭 제사 제

祀 제사 사

蒸 찔 증

嘗 맛볼 상

제사를 지내며 겨울제사는 증(蒸)이고 가을제사는 상(嘗)이라 한다.

稽 조을 계

顙 이마 상

再 둘 재

拜 절 배

이마를 조아려서 두 번 절하고,

悚 두려울 송

懼 두려울 구

恐 두려울 공

惶 두려울 황

두려운 마음가짐으로 공경하다.

牋 편지 전

牒 편지 첩

簡 편지 간

要 구할 요

편지는 간단명료해야 하고、

顧 돌아볼 고

答 대답 답

審 살필 심

詳 자세할 상

안부를 묻거나 대답할 때에는 자세히 살펴서 명백히 해야 한다。

骸 뼈 해

垢 때 구

想 생각할 상

浴 목욕할 욕

몸에 때가 끼면 목욕할 것을 생각하고,

執 잡을 집

熱 뜨거울 열

願 원할 원

凉 서늘할 량

뜨거운 것을 잡으면 시원하기를 바란다.

驢 나귀 여

騾 노새 라

犢 송아지 독

特 특별 특

나귀와 노새와 낙타와 소들이、

駭 놀랄 해

躍 뛸 약

超 뛸 초

驤 달릴 량

용맹스러이 뛰며 분주히 달린다.

誅 벨 주

斬 벨 참

賊 도적 적

盜 도적 도

捕 잡을 포

獲 얻을 획

叛 배반할 반

亡 도망 망

사람을 죽인 역적과 도둑을 참수하여 죽이고

죄를 짓고 도망간 자는 잡아서 가둔다.

布 베 포

射 쏠 사

遼 동관 료

丸 탄자 환

여포(呂布)의 활쏘기、웅의료(熊宜僚)의 탄환 돌리기며、

嵇 메 혜

琴 거문고 금

阮 성 완

嘯 휘파람 소

혜강(嵇康)의 거문고 타기、완적(阮籍)의 휘파람은 모두 유명하다。

恬 편안 염

恬 편안 염

筆 붓 필

倫 인륜 륜

紙 종이 지

몽염(蒙恬)은 붓을 만들고、채륜(蔡倫)은 종이를 만들었고、

鈞 무거울 균

巧 재주 교

任 맡길 임

釣 낚시 조

마균(馬鈞)은 기교가 있었고、임공자(任公子)는 낚시를 잘했다.

並 아우를 병

皆 다 개

佳 아름다울 가

妙 묘할 묘

釋 놓을 석

紛 어지러울 분

利 이할 리

俗 풍속 속

이들은 모두 다 아름답고 묘한 사람들이다.

이 사람들은 모두가 어지러움을 풀어 세상을 이롭게 하였으니,

毛 털 모

施 베풀 시

淑 맑을 숙

姿 자태 자

모장과 서시(西施)는 자태가 구슬같이 아름다워,

工 장인 공

顰 찡그릴 빈

妍 고울 연

笑 웃음 소

찡그리는 모습도 아름답고 웃는 얼굴은 예쁘기가 한이 없었다.

121

年 해 년

矢 화살 시

每 매양 매

催 재촉 최

세월은 화살같이 매양 빠르기를 재촉하고,

義 복희 희

暉 빛 휘 / 빛날 휘

朗 밝을 랑

曜 빛날 요

햇빛은 밝고 빛나기만 하구나.

璇 구슬 선

璣 구슬 기

구슬 같은 둥근 혼천의(渾天儀)가 공중에 매달려 돌고 있으니,

懸 달 현

斡 돌 알

晦 그믐 회

魄 넋 백

環 고리 환

照 비칠 조

그믐이 되면 달은 빛이 없어 윤곽만 비칠뿐이다.

123

指 손가락 지

薪 나무 신

修 닦을 수

祐 복 우

복을 닦는 것이 나무섶에 불씨를 옮기는 것 같아

永 길 영

綏 편안 유

吉 길할 길

邵 높을 소

영원히 평안하고 길하여 경사스러움이 높다.

矩 법 구

步 걸음 보

引 끌 인

領 차지할 영

궁내에서는 옷깃을 단정히 하고 걸음걸이를 바르게 하며

俯 구부릴 부

仰 우러를 앙

廊 행랑 랑

廟 사당 묘

사랑에서는 법도에 맞게 바른 자세로 걷는다.

束 묶을 속

帶 띠 대

궁중에서는 계급패를 달고 정장을 갖추어야하며

矜 자랑 긍

莊 씩씩할 장

徘 배회 배

徊 배회 회

瞻 볼 첨

眺 볼 조

거닐고 바라보는 것을 예도에 맞게 하여야 한다.

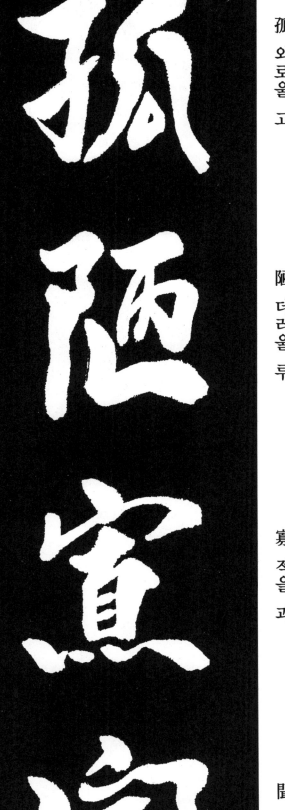

孤 외로울 고

陋 더러울 루

寡 적을 과

聞 들을 문

혼자서 공부하면 유익한것을 얻지못하여

愚 어리석을 우

蒙 어릴 몽

等 등급 등

誚 꾸짖을 초

어리석고 몽매한 자와 같아서 남의 책망을 듣게 마련이다.

謂 이를 위

語 말씀 어

어조사라 이르는 말에는

助 도울 조

者 놈 자

焉 이끼 언

哉 이끼 재

언(焉)·재(哉)·호(乎)·야(也)가 있다.

乎 온 호

也 이끼 야

西紀二十一六年
丙申之春 松浦孝亭雨書

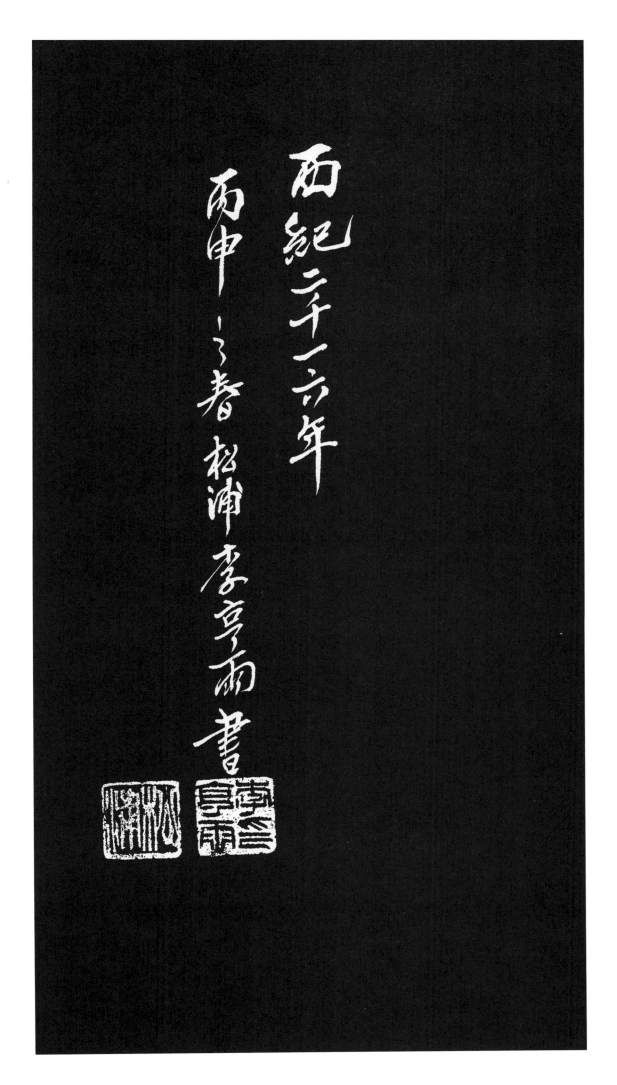

129

| | | | | |
|---|---|---|---|---|
| | 傾 | 가을 | 경 | 72 |
| 계 | 啓 | 열 | 계 | 59 |
| | 階 | 뜰 | 계 | 61 |
| | 溪 | 시내 | 계 | 70 |
| | 鷄 | 닭 | 계 | 82 |
| | 誡 | 경계 | 계 | 92 |
| | 稽 | 머리숙일 | 계 | 113 |
| 고 | 羔 | 염소 | 고 | 28 |
| | 姑 | 할미 | 고 | 47 |
| | 鼓 | 북 | 고 | 60 |
| | 藁 | 짚 | 고 | 64 |
| | 高 | 높을 | 고 | 68 |
| | 畝 | 이랑 | 고 | 86 |
| | 皐 | 언덕 | 고 | 93 |
| | 古 | 옛 | 고 | 96 |
| | 故 | 연고 | 고 | 106 |
| | 顧 | 돌아볼 | 고 | 114 |
| | 孤 | 외로울 | 고 | 127 |
| 곡 | 谷 | 골 | 곡 | 31 |
| | 轂 | 바퀴 | 곡 | 67 |
| | 曲 | 굽을 | 곡 | 71 |
| 곤 | 崑 | 메 | 곤 | 9 |
| | 困 | 곤할 | 곤 | 75 |
| | 昆 | 맏 | 곤 | 83 |
| | 鯤 | 고니 | 곤 | 101 |
| 공 | 拱 | 꽂을 | 공 | 17 |
| | 恭 | 공손 | 공 | 23 |
| | 空 | 빌 | 공 | 31 |

| | | | | |
|---|---|---|---|---|
| 거 | 巨 | 클 | 거 | 10 |
| | 去 | 갈 | 거 | 43 |
| | 據 | 웅거할 | 거 | 56 |
| | 車 | 수레 | 거 | 68 |
| | 鉅 | 톱 | 거 | 83 |
| | 居 | 살 | 거 | 95 |
| | 渠 | 개천 | 거 | 98 |
| | 擧 | 들 | 거 | 110 |
| 건 | 建 | 세울 | 건 | 30 |
| | 巾 | 수건 | 건 | 107 |
| 검 | 劍 | 칼 | 검 | 10 |
| 견 | 堅 | 굳을 | 견 | 54 |
| | 見 | 볼 | 견 | 94 |
| | 遣 | 보낼 | 견 | 97 |
| 결 | 潔 | 맑을 | 결 | 108 |
| | 結 | 맺을 | 결 | 8 |
| 겸 | 謙 | 겸손 | 겸 | 89 |
| 경 | 景 | 볕 | 경 | 29 |
| | 慶 | 경사 | 경 | 32 |
| | 競 | 다툴 | 경 | 33 |
| | 敬 | 공경 | 경 | 34 |
| | 竟 | 마침 | 경 | 41 |
| | 京 | 서울 | 경 | 55 |
| | 涇 | 경수 | 경 | 56 |
| | 驚 | 놀랄 | 경 | 57 |
| | 經 | 글 | 경 | 64 |
| | 卿 | 벼슬 | 경 | 65 |
| | 輕 | 가벼울 | 경 | 68 |

| | | | | |
|---|---|---|---|---|
| 가 | 可 | 옳을 | 가 | 27 |
| | 家 | 집 | 가 | 66 |
| | 駕 | 멍에 | 가 | 68 |
| | 假 | 거짓 | 가 | 76 |
| | 稼 | 심을 | 가 | 85 |
| | 軻 | 수레 | 가 | 88 |
| | 嘉 | 아름다울 | 가 | 91 |
| | 歌 | 노래 | 가 | 110 |
| | 佳 | 아름다울 | 가 | 120 |
| 각 | 刻 | 새길 | 각 | 69 |
| 간 | 簡 | 편지 | 간 | 114 |
| 갈 | 竭 | 다할 | 갈 | 35 |
| | 碣 | 돌 | 갈 | 83 |
| 감 | 敢 | 구태 | 감 | 23 |
| | 甘 | 달 | 감 | 43 |
| | 感 | 느낄 | 감 | 73 |
| | 鑑 | 거울 | 감 | 90 |
| 갑 | 甲 | 갑옷 | 갑 | 59 |
| 강 | 岡 | 메 | 강 | 9 |
| | 薑 | 생강 | 강 | 11 |
| | 絳 | 붉을 | 강 | 101 |
| | 糠 | 겨 | 강 | 105 |
| | 康 | 편안 | 강 | 111 |
| 개 | 芥 | 겨자 | 개 | 11 |
| | 盖 | 덮을 | 개 | 22 |
| | 改 | 고칠 | 개 | 25 |
| | 皆 | 다 | 개 | 120 |
| 갱 | 更 | 다시 | 갱 | 75 |

**索引**

| | | | | |
|---|---|---|---|---|
| 긍 | 矜 | 자랑 | 긍 | 116 |
| 기 | 豈 | 어찌 | 기 | 25 |
| | 己 | 몸 | 기 | 26 |
| | 器 | 그릇 | 기 | 27 |
| | 基 | 터 | 기 | 41 |
| | 氣 | 기운 | 기 | 48 |
| | 旣 | 이미 | 기 | 63 |
| | 綺 | 비단 | 기 | 73 |
| | 起 | 일어날 | 기 | 78 |
| | 幾 | 몇 | 기 | 89 |
| | 其 | 그 | 기 | 91 |
| | 譏 | 기롱 | 기 | 92 |
| | 機 | 틀 | 기 | 94 |
| | 飢 | 주릴 | 기 | 105 |
| | 璣 | 구슬 | 기 | 123 |
| 길 | 吉 | 길할 | 길 | 124 |
| 난 | 難 | 어려울 | 난 | 27 |
| 남 | 男 | 사내 | 남 | 24 |
| | 南 | 남녁 | 남 | 86 |
| 납 | 納 | 드릴 | 납 | 61 |
| 낭 | 囊 | 주머니 | 낭 | 102 |
| 내 | 柰 | 벗 | 내 | 11 |
| | 乃 | 이애 | 내 | 14 |
| | 內 | 안 | 내 | 62 |
| 녀 | 女 | 계집 | 녀 | 24 |
| 년 | 年 | 해 | 년 | 122 |
| 념 | 念 | 생각 | 념 | 29 |
| 녕 | 寧 | 편안 | 녕 | 74 |

| | | | | |
|---|---|---|---|---|
| | 懼 | 두려울 | 구 | 113 |
| | 垢 | 때 | 구 | 115 |
| | 矩 | 법 | 구 | 125 |
| 국 | 國 | 나라 | 국 | 15 |
| | 鞠 | 칠 | 국 | 23 |
| 군 | 君 | 임군 | 군 | 34 |
| | 群 | 무리 | 군 | 63 |
| | 軍 | 군사 | 군 | 78 |
| | 郡 | 고을 | 군 | 80 |
| 궁 | 宮 | 집 | 궁 | 57 |
| | 躬 | 몸 | 궁 | 92 |
| 권 | 勸 | 권할 | 권 | 87 |
| 궐 | 闕 | 집 | 궐 | 10 |
| | 厥 | 그 | 궐 | 91 |
| 귀 | 歸 | 돌아갈 | 귀 | 19 |
| | 貴 | 귀할 | 귀 | 44 |
| 규 | 規 | 법 | 규 | 49 |
| 균 | 鈞 | 무거울 | 균 | 119 |
| 극 | 剋 | 이길 | 극 | 29 |
| | 極 | 극진할 | 극 | 72 |
| 근 | 謹 | 삼가할 | 근 | 89 |
| | 近 | 가까울 | 근 | 93 |
| | 根 | 뿌리 | 근 | 100 |
| 금 | 金 | 쇠 | 금 | 9 |
| | 禽 | 새 | 금 | 58 |
| | 琴 | 거문고 | 금 | 118 |
| 급 | 及 | 미칠 | 급 | 21 |
| | 給 | 줄 | 급 | 66 |

| | | | | |
|---|---|---|---|---|
| | 孔 | 구멍 | 공 | 48 |
| | 功 | 공 | 공 | 69 |
| | 公 | 귀 | 공 | 72 |
| | 貢 | 바칠 | 공 | 87 |
| | 恐 | 두려울 | 공 | 113 |
| | 工 | 장인 | 공 | 121 |
| 과 | 果 | 과실 | 과 | 11 |
| | 過 | 허물 | 과 | 25 |
| | 寡 | 적을 | 과 | 127 |
| 관 | 官 | 벼슬 | 관 | 13 |
| | 觀 | 볼 | 관 | 57 |
| | 冠 | 갓 | 관 | 67 |
| 광 | 光 | 빛 | 광 | 10 |
| | 廣 | 넓을 | 광 | 62 |
| | 匡 | 바를 | 광 | 72 |
| | 曠 | 빌 | 광 | 84 |
| 괴 | 槐 | 괴회 | 괴 | 65 |
| 곡 | 虢 | 나라 | 곡 | 76 |
| 교 | 交 | 사귈 | 교 | 49 |
| | 矯 | 들 | 교 | 111 |
| | 巧 | 공교 | 교 | 119 |
| 구 | 駒 | 망아지 | 구 | 20 |
| | 驅 | 물 | 구 | 67 |
| | 九 | 아홉 | 구 | 80 |
| | 求 | 구할 | 구 | 96 |
| | 具 | 갖출 | 구 | 104 |
| | 口 | 입 | 구 | 104 |
| | 舊 | 옛 | 구 | 106 |

| 래 | 來 | 올 | 래 | 6 |
|---|---|---|---|---|
| 려 | 呂 | 법칙 | 려 | 7 |
| | 麗 | 빛날 | 려 | 9 |
| | 慮 | 생각 | 려 | 96 |
| | 驢 | 나귀 | 려 | 116 |
| 력 | 力 | 힘 | 력 | 35 |
| | 歷 | 지낼 | 력 | 98 |
| 련 | 輦 | 연 | 련 | 67 |
| 렬 | 列 | 벌릴 | 렬 | 5 |
| | 烈 | 매울 | 렬 | 24 |
| 렴 | 廉 | 청렴 | 렴 | 51 |
| 령 | 令 | 하여금 | 령 | 40 |
| | 靈 | 신령 | 령 | 58 |
| | 聆 | 들을 | 령 | 90 |
| | 領 | 옷깃 | 령 | 125 |
| 례 | 禮 | 예도 | 례 | 44 |
| 로 | 露 | 이슬 | 로 | 8 |
| | 路 | 길 | 로 | 65 |
| | 勞 | 수고할 | 로 | 89 |
| 록 | 綠 | 녹 | 록 | 68 |
| 론 | 論 | 의논할 | 론 | 96 |
| 뢰 | 賴 | 힘입을 | 뢰 | 21 |
| 룡 | 龍 | 용 | 룡 | 13 |
| 루 | 樓 | 다락 | 루 | 57 |
| | 累 | 여러 | 루 | 97 |
| | 陋 | 더러울 | 루 | 127 |
| 류 | 流 | 흐를 | 류 | 38 |
| 륜 | 倫 | 인륜 | 륜 | 119 |

| | 讀 | 읽을 | 독 | 102 |
|---|---|---|---|---|
| | 犢 | 송아지 | 독 | 116 |
| 돈 | 敦 | 도타울 | 돈 | 88 |
| | 頓 | 두드릴 | 돈 | 111 |
| 동 | 冬 | 겨울 | 동 | 6 |
| | 同 | 한가지 | 동 | 48 |
| | 動 | 움직일 | 동 | 52 |
| | 東 | 동녘 | 동 | 55 |
| | 洞 | 고을 | 동 | 83 |
| | 桐 | 오동 | 동 | 99 |
| 두 | 杜 | 막을 | 두 | 64 |
| 득 | 得 | 얻을 | 득 | 25 |
| 등 | 騰 | 날 | 등 | 8 |
| | 登 | 오를 | 등 | 42 |
| | 等 | 무리 | 등 | 127 |
| 라 | 羅 | 벌릴 | 라 | 65 |
| | 騾 | 노래 | 라 | 116 |
| 락 | 洛 | 낙수 | 락 | 56 |
| | 落 | 떨어질 | 락 | 100 |
| 란 | 蘭 | 난초 | 란 | 37 |
| 람 | 藍 | 쪽 | 람 | 109 |
| 랑 | 朗 | 밝을 | 랑 | 121 |
| | 廊 | 행랑 | 랑 | 115 |
| 량 | 良 | 어질 | 량 | 24 |
| | 量 | 헤아릴 | 량 | 27 |
| | 兩 | 두 | 량 | 94 |
| | 糧 | 양식 | 량 | 106 |
| | 凉 | 서늘 | 량 | 115 |

| 노 | 老 | 늙을 | 노 | 106 |
|---|---|---|---|---|
| 농 | 農 | 농사 | 농 | 85 |
| 능 | 能 | 능할 | 능 | 25 |
| 다 | 多 | 많을 | 다 | 74 |
| 단 | 短 | 짧을 | 단 | 26 |
| | 端 | 끝 | 단 | 30 |
| | 丹 | 붉은 | 단 | 79 |
| 달 | 達 | 통달할 | 달 | 62 |
| 담 | 淡 | 맑을 | 담 | 12 |
| | 談 | 말씀 | 담 | 26 |
| 답 | 答 | 대답 | 답 | 114 |
| 당 | 唐 | 나라 | 당 | 15 |
| | 堂 | 집 | 당 | 31 |
| | 當 | 마땅 | 당 | 35 |
| | 棠 | 아가위 | 당 | 43 |
| 대 | 大 | 큰 | 대 | 22 |
| | 對 | 대답 | 대 | 59 |
| | 岱 | 뫼 | 대 | 81 |
| | 帶 | 띠 | 대 | 116 |
| 덕 | 德 | 큰 | 덕 | 30 |
| 도 | 陶 | 질그릇 | 도 | 15 |
| | 道 | 길 | 도 | 17 |
| | 都 | 도읍 | 도 | 55 |
| | 圖 | 그림 | 도 | 58 |
| | 途 | 길 | 도 | 76 |
| | 盜 | 도적 | 도 | 117 |
| 독 | 篤 | 두터울 | 독 | 40 |
| | 獨 | 홀로 | 독 | 101 |

132

| | | | | |
|---|---|---|---|---|
| | 默 | 잠잠 | 묵 | 95 |
| 문 | 文 | 글월 | 문 | 14 |
| | 問 | 물을 | 문 | 17 |
| | 門 | 문 | 문 | 82 |
| | 聞 | 들을 | 문 | 127 |
| 물 | 物 | 만물 | 물 | 53 |
| | 勿 | 말 | 물 | 74 |
| 미 | 靡 | 아닐 | 미 | 26 |
| | 美 | 아름다울 | 미 | 40 |
| | 縻 | 얽을 | 미 | 54 |
| | 微 | 작을 | 미 | 71 |
| 민 | 民 | 백성 | 민 | 16 |
| 밀 | 密 | 빽빽할 | 밀 | 74 |
| 박 | 薄 | 얇은 | 박 | 36 |
| 반 | 盤 | 소반 | 반 | 57 |
| | 磻 | 돌 | 반 | 70 |
| | 飯 | 밥 | 반 | 104 |
| | 叛 | 배반할 | 반 | 117 |
| 발 | 發 | 필 | 발 | 16 |
| | 髮 | 터럭 | 발 | 22 |
| 방 | 方 | 모 | 방 | 21 |
| | 傍 | 곁 | 방 | 59 |
| | 紡 | 길쌈 | 방 | 107 |
| | 房 | 방 | 방 | 107 |
| 배 | 背 | 등 | 배 | 56 |
| | 陪 | 모실 | 배 | 67 |
| | 杯 | 잔 | 배 | 110 |
| | 拜 | 절 | 배 | 113 |

| | | | | |
|---|---|---|---|---|
| 면 | 面 | 낮 | 면 | 56 |
| | 綿 | 솜 | 면 | 84 |
| | 勉 | 힘쓸 | 면 | 91 |
| | 眠 | 졸 | 면 | 109 |
| 멸 | 滅 | 멸할 | 멸 | 76 |
| 명 | 鳴 | 울 | 명 | 20 |
| | 名 | 이름 | 명 | 30 |
| | 命 | 목숨 | 명 | 35 |
| | 明 | 밝을 | 명 | 62 |
| | 銘 | 새길 | 명 | 69 |
| | 冥 | 어두울 | 명 | 84 |
| 모 | 慕 | 사모할 | 모 | 24 |
| | 母 | 어미 | 모 | 47 |
| | 貌 | 모양 | 모 | 90 |
| | 毛 | 털 | 모모 | 121 |
| 목 | 木 | 나무 | 목 | 21 |
| | 睦 | 화목 | 목 | 45 |
| | 牧 | 기를 | 목 | 78 |
| | 目 | 눈 | 목 | 102 |
| 몽 | 蒙 | 어릴 | 몽 | 127 |
| 묘 | 杳 | 아득할 | 묘 | 84 |
| | 廟 | 사랑 | 묘 | 115 |
| | 妙 | 묘할 | 묘 | 120 |
| 무 | 無 | 없을 | 무 | 41 |
| | 茂 | 성할 | 무 | 69 |
| | 武 | 호반 | 무 | 73 |
| | 務 | 힘쓸 | 무 | 85 |
| 묵 | 墨 | 먹 | 묵 | 28 |

| | | | | |
|---|---|---|---|---|
| 률 | 律 | 법칙 | 률 | 7 |
| 륵 | 勒 | 굴레 | 륵 | 67 |
| 릉 | 凌 | 업신여길 | 릉 | 101 |
| 리 | 李 | 오얏 | 리 | 11 |
| | 履 | 밟을 | 리 | 36 |
| | 離 | 떠날 | 리 | 50 |
| | 理 | 다스릴 | 리 | 90 |
| | 利 | 이할 | 리 | 120 |
| 린 | 鱗 | 비늘 | 린 | 12 |
| 립 | 立 | 설 | 립 | 30 |
| 림 | 林 | 수풀 | 림 | 93 |
| 마 | 磨 | 갈 | 마 | 49 |
| | 摩 | 만질 | 마 | 101 |
| 막 | 莫 | 말 | 막 | 25 |
| | 漠 | 아득할 | 막 | 79 |
| | 邈 | 밀 | 막 | 84 |
| 만 | 萬 | 일만 | 만 | 21 |
| | 滿 | 가득할 | 만 | 53 |
| | 晚 | 늦을 | 만 | 99 |
| 망 | 忘 | 잊을 | 망 | 25 |
| | 罔 | 없을 | 망 | 26 |
| | 邙 | 터 | 망 | 56 |
| | 莽 | 풀 | 망 | 98 |
| | 亡 | 도망 | 망 | 117 |
| 매 | 寐 | 잘 | 매 | 109 |
| | 每 | 매양 | 매 | 121 |
| 맹 | 盟 | 맹세 | 맹 | 76 |
| | 孟 | 맏 | 맹 | 88 |

| | 使 | 하여금 | 사 | 27 |
|---|---|---|---|---|
| | 絲 | 실 | 사 | 28 |
| | 事 | 섬길 | 사 | 34 |
| | 似 | 같을 | 사 | 37 |
| | 斯 | 이 | 사 | 37 |
| | 思 | 생각 | 사 | 39 |
| | 辭 | 말씀 | 사 | 39 |
| | 仕 | 벼슬 | 사 | 42 |
| | 寫 | 베낄 | 사 | 58 |
| | 舍 | 집 | 사 | 59 |
| | 肆 | 베풀 | 사 | 60 |
| | 士 | 선비 | 사 | 74 |
| | 沙 | 모래 | 사 | 79 |
| | 史 | 사기 | 사 | 88 |
| | 謝 | 사례 | 사 | 97 |
| | 嗣 | 이을 | 사 | 112 |
| | 祀 | 제사 | 사 | 112 |
| | 射 | 쏠 | 사 | 118 |
| 산 | 散 | 흩을 | 산 | 96 |
| 상 | 霜 | 서리 | 상 | 8 |
| | 翔 | 날개 | 상 | 12 |
| | 裳 | 치마 | 상 | 14 |
| | 常 | 항상 | 상 | 22 |
| | 傷 | 상할 | 상 | 23 |
| | 上 | 윗 | 상 | 45 |
| | 相 | 서로 | 상 | 65 |
| | 賞 | 상줄 | 상 | 87 |
| | 箱 | 상자 | 상 | 102 |

| 부 | 父 | 아버지 | 부 | 34 |
|---|---|---|---|---|
| | 夫 | 지아비 | 부 | 45 |
| | 婦 | 지어미 | 부 | 45 |
| | 傅 | 스승 | 부 | 46 |
| | 浮 | 뜰 | 부 | 56 |
| | 府 | 마을 | 부 | 65 |
| | 富 | 부자 | 부 | 68 |
| | 阜 | 언덕 | 부 | 71 |
| | 扶 | 붙들 | 부 | 72 |
| | 俯 | 굽을 | 부 | 115 |
| 분 | 分 | 나눌 | 분 | 49 |
| | 墳 | 무덤 | 분 | 63 |
| | 紛 | 어지러울 분 | 분 | 120 |
| 불 | 不 | 아니 | 불 | 38 |
| | 弗 | 말 | 불 | 50 |
| 비 | 悲 | 슬플 | 비 | 28 |
| | 非 | 아닐 | 비 | 33 |
| | 卑 | 낮을 | 비 | 44 |
| | 比 | 견줄 | 비 | 47 |
| | 匪 | 아닐 | 비 | 51 |
| | 飛 | 날 | 비 | 57 |
| | 肥 | 살찔 | 비 | 68 |
| | 碑 | 비석 | 비 | 69 |
| | 枇 | 나무 | 비 | 99 |
| 빈 | 賓 | 손님 | 빈 | 19 |
| | 嚬 | 찡그릴 | 빈 | 121 |
| 사 | 師 | 스승 | 사 | 13 |
| | 四 | 넉 | 사 | 22 |

| | 徘 | 배회 | 배 | 126 |
|---|---|---|---|---|
| 백 | 白 | 흰 | 백 | 20 |
| | 伯 | 맏 | 백 | 47 |
| | 百 | 일백 | 백 | 81 |
| | 魄 | 넋 | 백 | 123 |
| 번 | 煩 | 번거 | 번 | 77 |
| 벌 | 伐 | 칠 | 벌 | 16 |
| 법 | 法 | 법 | 법 | 77 |
| 벽 | 璧 | 구슬 | 벽 | 33 |
| 벽 | 壁 | 벽 | 벽 | 64 |
| 변 | 弁 | 고깔 | 변 | 61 |
| 변 | 辨 | 분별할 | 변 | 90 |
| 별 | 別 | 다를 | 별 | 44 |
| 병 | 丙 | 남녁 | 병 | 59 |
| | 兵 | 군사 | 병 | 66 |
| | 并 | 아우를 | 병 | 80 |
| | 秉 | 잡을 | 병 | 88 |
| | 並 | 아우를 | 병 | 120 |
| 보 | 寶 | 보배 | 보 | 33 |
| | 步 | 걸음 | 보 | 125 |
| 복 | 服 | 옷 | 복 | 14 |
| | 伏 | 엎드릴 | 복 | 18 |
| | 覆 | 덮을 | 복 | 27 |
| | 福 | 복 | 복 | 32 |
| 본 | 本 | 근본 | 본 | 85 |
| 봉 | 鳳 | 새 | 봉 | 20 |
| | 奉 | 받들 | 봉 | 46 |
| | 封 | 봉할 | 봉 | 66 |

| | 束 | 묶을 | 속 | 116 |
|---|---|---|---|---|
| | 俗 | 풍속 | 속 | 120 |
| 손 | 飧 | 밥 | 손 | 104 |
| 솔 | 率 | 거느릴 | 손 | 19 |
| 송 | 松 | 소나무 | 송 | 37 |
| | 悚 | 두려울 | 송 | 113 |
| 수 | 收 | 거둘 | 수 | 6 |
| | 水 | 물 | 수 | 9 |
| | 垂 | 드릴 | 수 | 17 |
| | 首 | 머리 | 수 | 18 |
| | 樹 | 나무 | 수 | 20 |
| | 殊 | 다를 | 수 | 44 |
| | 隨 | 따를 | 수 | 45 |
| | 受 | 받을 | 수 | 46 |
| | 守 | 지킬 | 수 | 53 |
| | 獸 | 짐승 | 수 | 58 |
| | 岫 | 메뿌리 | 수 | 84 |
| | 誰 | 누구 | 수 | 94 |
| | 抽 | 빼낼 | 수 | 98 |
| | 手 | 손 | 수 | 111 |
| | 修 | 닦을 | 수 | 124 |
| 숙 | 宿 | 잘 | 숙 | 5 |
| | 夙 | 일찍 | 숙 | 36 |
| | 叔 | 아재비 | 숙 | 47 |
| | 孰 | 누구 | 숙 | 71 |
| | 俶 | 비로소 | 숙 | 86 |
| | 熟 | 익힐 | 숙 | 87 |
| | 淑 | 맑을 | 숙 | 111 |

| 섭 | 璇 | 구슬 | 선 | 123 |
|---|---|---|---|---|
| 섭 | 攝 | 잡을 | 섭 | 42 |
| 설 | 設 | 베풀 | 설 | 60 |
| | 說 | 말씀 | 설 | 73 |
| 성 | 成 | 이룰 | 성 | 7 |
| | 聖 | 성인 | 성 | 29 |
| | 聲 | 소리 | 성 | 31 |
| | 盛 | 성할 | 성 | 37 |
| | 誠 | 정성 | 성 | 40 |
| | 性 | 성품 | 성 | 52 |
| | 星 | 별 | 성 | 61 |
| | 城 | 재 | 성 | 82 |
| | 省 | 살필 | 성 | 92 |
| 세 | 歲 | 해 | 세 | 7 |
| | 世 | 인간 | 세 | 68 |
| | 稅 | 부세 | 세 | 87 |
| 소 | 所 | 바 | 소 | 41 |
| | 素 | 바탕 | 소 | 88 |
| | 疏 | 글 | 소 | 94 |
| | 逍 | 노닐 | 소 | 96 |
| | 招 | 부를 | 소 | 97 |
| | 霄 | 하늘 | 소 | 101 |
| | 少 | 젊을 | 소 | 106 |
| | 嘯 | 휘파람 | 소 | 118 |
| | 笑 | 웃을 | 소 | 121 |
| | 邵 | 높을 | 소 | 124 |
| 속 | 屬 | 붙일 | 속 | 103 |
| | 續 | 이을 | 속 | 112 |

| | 象 | 코끼리 | 상 | 109 |
|---|---|---|---|---|
| | 床 | 상 | 상 | 109 |
| | 觴 | 잔 | 상 | 110 |
| | 嘗 | 맛볼 | 상 | 112 |
| | 顙 | 이마 | 상 | 113 |
| | 詳 | 자세할 | 상 | 114 |
| | 想 | 생각 | 상 | 115 |
| 색 | 塞 | 막을 | 색 | 82 |
| | 穡 | 거둘 | 색 | 85 |
| | 色 | 빛 | 색 | 90 |
| | 索 | 찾을 | 색 | 95 |
| 생 | 生 | 날 | 생 | 9 |
| | 笙 | 저 | 생 | 60 |
| 서 | 暑 | 더울 | 서 | 6 |
| | 西 | 서녘 | 서 | 55 |
| | 書 | 글 | 서 | 64 |
| | 黍 | 기장 | 서 | 86 |
| | 庶 | 뭇 | 서 | 89 |
| 석 | 席 | 자리 | 석 | 60 |
| | 石 | 돌 | 석 | 83 |
| | 夕 | 저녁 | 석 | 109 |
| | 釋 | 놓을 | 석 | 120 |
| 선 | 善 | 착할 | 선 | 32 |
| | 仙 | 신선 | 선 | 58 |
| | 宣 | 베풀 | 선 | 79 |
| | 禪 | 터닦을 | 선 | 81 |
| | 膳 | 반찬 | 선 | 104 |
| | 扇 | 부채 | 선 | 108 |

135

| 어 | 於 | 늘 | 어 | 85 |
|---|---|---|---|---|
|  | 魚 | 고기 | 어 | 88 |
|  | 飫 | 싫을 | 어 | 105 |
|  | 御 | 모실 | 어 | 107 |
|  | 語 | 말씀 | 어 | 128 |
| 언 | 言 | 말씀 | 언 | 39 |
|  | 焉 | 이끼 | 언 | 128 |
| 업 | 業 | 업 | 업 | 41 |
| 엄 | 嚴 | 엄할 | 엄 | 34 |
|  | 奄 | 문득 | 엄 | 71 |
| 여 | 餘 | 남을 | 여 | 7 |
|  | 黎 | 검을 | 여 | 18 |
|  | 與 | 더불 | 여 | 34 |
|  | 如 | 같을 | 여 | 37 |
| 역 | 亦 | 또 | 역 | 63 |
| 연 | 緣 | 인연 | 연 | 32 |
|  | 淵 | 못 | 연 | 38 |
|  | 連 | 연할 | 연 | 48 |
|  | 筵 | 자리 | 연 | 60 |
|  | 讌 | 잔치 | 연 | 110 |
|  | 妍 | 고을 | 연 | 121 |
| 열 | 悅 | 기쁠 | 열 | 111 |
|  | 熱 | 뜨거울 | 열 | 115 |
| 염 | 染 | 물들일 | 염 | 28 |
|  | 厭 | 싫을 | 염 | 105 |
|  | 恬 | 편안할 | 염 | 119 |
| 엽 | 葉 | 잎사귀 | 엽 | 100 |
| 영 | 盈 | 찰 | 영 | 5 |

| | 心 | 마음 | 심 | 52 |
|---|---|---|---|---|
|  | 尋 | 찾을 | 심 | 96 |
|  | 審 | 살필 | 심 | 114 |
| 아 | 兒 | 아이 | 아 | 47 |
|  | 雅 | 맑을 | 아 | 54 |
|  | 阿 | 언덕 | 아 | 70 |
|  | 我 | 나 | 아 | 86 |
| 악 | 惡 | 모질 | 악 | 32 |
|  | 樂 | 풍류 | 악 | 44 |
|  | 嶽 | 메뿌리 | 악 | 81 |
| 안 | 安 | 편안 | 안 | 39 |
|  | 雁 | 기러기 | 안 | 82 |
| 알 | 斡 | 돌 | 알 | 123 |
| 암 | 巖 | 바위 | 암 | 84 |
| 앙 | 仰 | 우러를 | 앙 | 125 |
| 애 | 愛 | 사랑 | 애 | 18 |
| 야 | 夜 | 밤 | 야 | 10 |
|  | 野 | 들 | 야 | 83 |
|  | 也 | 이끼 | 야 | 128 |
| 약 | 若 | 같을 | 약 | 39 |
|  | 弱 | 약할 | 약 | 72 |
|  | 約 | 언약 | 약 | 77 |
|  | 躍 | 뛸 | 약 | 116 |
| 양 | 陽 | 볕 | 양 | 7 |
|  | 讓 | 사양 | 양 | 15 |
|  | 養 | 기를 | 양 | 23 |
|  | 羊 | 양 | 양 | 28 |
|  | 驤 | 달릴 | 양 | 116 |

| 순 | 筍 | 대순 | 순 | 109 |
|---|---|---|---|---|
| 슬 | 瑟 | 비파 | 슬 | 60 |
| 습 | 習 | 익힐 | 습 | 31 |
| 승 | 陞 | 오를 | 승 | 61 |
| 승 | 承 | 이을 | 승 | 62 |
| 시 | 始 | 비로소 | 시 | 14 |
|  | 恃 | 믿을 | 시 | 26 |
|  | 詩 | 글 | 시 | 28 |
|  | 是 | 이 | 시 | 33 |
|  | 時 | 때 | 시 | 70 |
|  | 市 | 저자 | 시 | 102 |
|  | 侍 | 모실 | 시 | 107 |
|  | 施 | 베풀 | 시 | 121 |
|  | 矢 | 살 | 시 | 122 |
| 식 | 食 | 밥 | 식 | 20 |
|  | 息 | 쉴 | 식 | 38 |
|  | 寔 | 이 | 식 | 74 |
|  | 植 | 심을 | 식 | 91 |
| 신 | 臣 | 신하 | 신 | 18 |
|  | 身 | 몸 | 신 | 22 |
|  | 信 | 믿을 | 신 | 27 |
|  | 愼 | 삼갈 | 신 | 40 |
|  | 神 | 귀신 | 신 | 52 |
|  | 新 | 새 | 신 | 87 |
|  | 薪 | 섶 | 신 | 124 |
| 실 | 實 | 열매 | 실 | 67 |
| 심 | 深 | 깊을 | 심 | 36 |
|  | 甚 | 심할 | 심 | 41 |

| 음 | 한자 | 뜻 | 음 | 쪽 |
|---|---|---|---|---|
|  | 願 | 원할 | 원 | 115 |
| 월 | 月 | 달 | 월 | 5 |
| 위 | 爲 | 할 | 위 | 8 |
|  | 位 | 자리 | 위 | 15 |
|  | 渭 | 위수 | 위 | 56 |
|  | 魏 | 나라 | 위 | 75 |
|  | 威 | 위엄 | 위 | 79 |
|  | 委 | 맡길 | 위 | 100 |
|  | 煒 | 밝을 | 위 | 108 |
|  | 謂 | 이를 | 위 | 128 |
| 유 | 有 | 있을 | 유 | 15 |
|  | 惟 | 오직 | 유 | 23 |
|  | 維 | 벼리 | 유 | 29 |
|  | 猶 | 같을 | 유 | 47 |
|  | 猷 | 꾀 | 유 | 91 |
|  | 遊 | 놀 | 유 | 101 |
|  | 輶 | 가벼울 | 유 | 103 |
|  | 攸 | 바 | 유 | 103 |
|  | 帷 | 장막 | 유 | 107 |
|  | 綏 | 편안 | 유 | 124 |
| 육 | 育 | 기를 | 육 | 18 |
| 윤 | 閏 | 윤달 | 윤 | 7 |
|  | 尹 | 맡 | 윤 | 70 |
| 융 | 戎 | 되 | 융 | 18 |
| 은 | 殷 | 은나라 | 은 | 16 |
|  | 隱 | 숨을 | 은 | 50 |
|  | 銀 | 은 | 은 | 108 |
| 음 | 陰 | 그늘 | 음 | 33 |
|  | 要 | 중요할 | 요 | 114 |
|  | 遼 | 밀 | 요 | 118 |
|  | 曜 | 빛날 | 요 | 122 |
| 욕 | 欲 | 하고자할 | 욕 | 27 |
|  | 辱 | 욕할 | 욕 | 93 |
|  | 浴 | 목욕 | 욕 | 115 |
| 용 | 容 | 얼굴 | 용 | 39 |
|  | 用 | 쓸 | 용 | 78 |
|  | 庸 | 떳떳 | 용 | 89 |
| 우 | 宇 | 집 | 우 | 4 |
|  | 雨 | 비 | 우 | 8 |
|  | 羽 | 깃 | 우 | 12 |
|  | 虞 | 나라 | 우 | 15 |
|  | 優 | 넉넉할 | 우 | 42 |
|  | 友 | 벗 | 우 | 49 |
|  | 右 | 오른 | 우 | 62 |
|  | 禹 | 임금 | 우 | 80 |
|  | 寓 | 붙일 | 우 | 102 |
|  | 祐 | 도울 | 우 | 124 |
|  | 愚 | 어리석을 | 우 | 127 |
| 운 | 雲 | 구름 | 운 | 8 |
|  | 云 | 이를 | 운 | 81 |
|  | 運 | 운전 | 운 | 101 |
| 울 | 鬱 | 답답 | 울 | 57 |
| 원 | 遠 | 멀 | 원 | 84 |
|  | 園 | 동산 | 원 | 98 |
|  | 垣 | 담 | 원 | 103 |
|  | 圓 | 둥글 | 원 | 108 |
|  | 暎 | 비칠 | 영 | 38 |
|  | 榮 | 영화 | 영 | 41 |
|  | 詠 | 읊을 | 영 | 43 |
|  | 楹 | 기둥 | 영 | 59 |
|  | 英 | 꽃뿌리 | 영 | 63 |
|  | 纓 | 갓끈 | 영 | 67 |
|  | 營 | 경영 | 영 | 71 |
|  | 永 | 길 | 영 | 124 |
| 예 | 隸 | 글씨 | 예 | 64 |
|  | 乂 | 어질 | 예 | 74 |
|  | 譽 | 기릴 | 예 | 79 |
|  | 藝 | 재주 | 예 | 86 |
|  | 翳 | 가릴 | 예 | 100 |
|  | 豫 | 미리 | 예 | 111 |
| 오 | 五 | 다섯 | 오 | 22 |
|  | 梧 | 오동 | 오 | 99 |
| 옥 | 玉 | 구슬 | 옥 | 9 |
| 온 | 溫 | 따뜻할 | 온 | 36 |
| 완 | 玩 | 구경 | 완 | 102 |
|  | 阮 | 성 | 완 | 118 |
| 왈 | 曰 | 갈 | 왈 | 34 |
| 왕 | 往 | 갈 | 왕 | 6 |
|  | 王 | 임금 | 왕 | 19 |
| 외 | 外 | 밖 | 외 | 46 |
|  | 畏 | 두려울 | 외 | 103 |
| 요 | 寥 | 고요 | 요 | 95 |
|  | 遙 | 노닐 | 요 | 96 |
|  | 飆 | 날릴 | 요 | 100 |

| | | | | |
|---|---|---|---|---|
| | 宰 | 재상 | 재 | 105 |
| | 再 | 두 | 재 | 113 |
| | 哉 | 이끼 | 재 | 128 |
| 적 | 績 | 쌓을 | 적 | 32 |
| | 籍 | 호적 | 적 | 41 |
| | 跡 | 자취 | 적 | 80 |
| | 赤 | 붉을 | 적 | 82 |
| | 寂 | 고요 | 적 | 95 |
| | 的 | 마침 | 적 | 98 |
| | 適 | 맞을 | 적 | 104 |
| | 績 | 길쌈 | 적 | 107 |
| | 嫡 | 맏 | 적 | 112 |
| | 賊 | 도적 | 적 | 117 |
| 전 | 傳 | 전할 | 전 | 31 |
| | 顚 | 엎드러질 | 전 | 51 |
| | 殿 | 대궐 | 전 | 57 |
| | 轉 | 구를 | 전 | 61 |
| | 典 | 법 | 전 | 63 |
| | 翦 | 갈길 | 전 | 78 |
| | 田 | 밭 | 전 | 82 |
| | 牋 | 편지 | 전 | 114 |
| 절 | 切 | 간절 | 절 | 49 |
| | 節 | 마디 | 절 | 51 |
| 접 | 接 | 접할 | 접 | 110 |
| 정 | 貞 | 곧을 | 정 | 24 |
| | 正 | 바를 | 정 | 30 |
| | 定 | 정할 | 정 | 39 |
| | 政 | 정사 | 정 | 42 |

| | | | | |
|---|---|---|---|---|
| 입 | 入 | 들 | 입 | 46 |
| 자 | 字 | 글자 | 자 | 14 |
| | 資 | 자료 | 자 | 34 |
| | 子 | 아들 | 자 | 47 |
| | 慈 | 인자할 | 자 | 50 |
| | 自 | 스스로 | 자 | 54 |
| | 紫 | 붉을 | 자 | 82 |
| | 玆 | 이 | 자 | 85 |
| | 姿 | 모양 | 자 | 121 |
| | 者 | 놈 | 자 | 128 |
| 작 | 作 | 지을 | 작 | 29 |
| | 爵 | 벼슬 | 작 | 54 |
| 잠 | 潛 | 잠길 | 잠 | 12 |
| | 箴 | 경계 | 잠 | 49 |
| 장 | 張 | 베풀 | 장 | 5 |
| | 藏 | 감출 | 장 | 6 |
| | 章 | 글장 | 장 | 17 |
| | 羌 | 되 | 장 | 18 |
| | 場 | 마당 | 장 | 20 |
| | 長 | 긴 | 장 | 26 |
| | 帳 | 장막 | 장 | 59 |
| | 將 | 장수 | 장 | 65 |
| | 墻 | 담 | 장 | 103 |
| | 腸 | 창자 | 장 | 104 |
| | 莊 | 씩씩할 | 장 | 126 |
| 재 | 在 | 있을 | 재 | 20 |
| | 才 | 재주 | 재 | 24 |
| | 載 | 실을 | 재 | 86 |

| | | | | |
|---|---|---|---|---|
| | 音 | 소리 | 음 | 90 |
| 읍 | 邑 | 고을 | 읍 | 55 |
| 의 | 衣 | 옷 | 의 | 14 |
| | 宜 | 마땅 | 의 | 40 |
| | 儀 | 거동 | 의 | 46 |
| | 義 | 옳을 | 의 | 51 |
| | 意 | 뜻 | 의 | 53 |
| | 疑 | 의심할 | 의 | 61 |
| 이 | 邇 | 가까울 | 이 | 19 |
| | 以 | 써 | 이 | 43 |
| | 而 | 어조사 | 이 | 43 |
| | 移 | 옮길 | 이 | 53 |
| | 二 | 두 | 이 | 55 |
| | 伊 | 저 | 이 | 70 |
| | 貽 | 줄 | 이 | 91 |
| | 易 | 쉬울 | 이 | 103 |
| | 耳 | 귀 | 이 | 103 |
| | 異 | 다를 | 이 | 106 |
| 익 | 益 | 더할 | 익 | 43 |
| 인 | 人 | 사람 | 인 | 13 |
| | 因 | 인할 | 인 | 32 |
| | 仁 | 어질 | 인 | 50 |
| | 引 | 이끌 | 인 | 125 |
| 일 | 日 | 날 | 일 | 5 |
| | 壹 | 한 | 일 | 19 |
| | 逸 | 편안할 | 일 | 52 |
| 임 | 臨 | 임할 | 임 | 36 |
| | 任 | 맡길 | 임 | 119 |

138

| | | | | |
|---|---|---|---|---|
| | 蒸 | 찔 | 증 | 112 |
| 지 | 地 | 따 | 지 | 4 |
| | 知 | 알 | 지 | 25 |
| | 之 | 갈 | 지 | 37 |
| | 止 | 그칠 | 지 | 39 |
| | 枝 | 가지 | 지 | 48 |
| | 志 | 뜻 | 지 | 53 |
| | 持 | 가질 | 지 | 54 |
| | 池 | 못 | 지 | 83 |
| | 祗 | 공경 | 지 | 91 |
| | 紙 | 종이 | 지 | 119 |
| | 指 | 가리킬 | 지 | 124 |
| 직 | 職 | 벼슬 | 직 | 42 |
| | 稷 | 피 | 직 | 86 |
| | 直 | 곧을 | 직 | 88 |
| 진 | 辰 | 별 | 진 | 5 |
| | 珍 | 보배 | 진 | 11 |
| | 盡 | 다할 | 진 | 35 |
| | 眞 | 참 | 진 | 53 |
| | 振 | 떨칠 | 진 | 67 |
| | 晉 | 나라 | 진 | 75 |
| | 秦 | 나라 | 진 | 80 |
| | 陳 | 베풀 | 진 | 100 |
| 집 | 集 | 모을 | 집 | 63 |
| | 執 | 잡을 | 집 | 115 |
| 징 | 澄 | 맑을 | 징 | 38 |
| 차 | 此 | 이 | 차 | 22 |
| | 次 | 버금 | 차 | 50 |

| | | | | |
|---|---|---|---|---|
| | 助 | 도울 | 조 | 128 |
| 족 | 足 | 발 | 족 | 111 |
| 존 | 存 | 있을 | 존 | 43 |
| | 尊 | 높을 | 존 | 44 |
| 종 | 終 | 마지막 | 종 | 40 |
| | 從 | 좇을 | 종 | 42 |
| | 鍾 | 쇠북 | 종 | 64 |
| | 宗 | 마루 | 종 | 81 |
| 좌 | 坐 | 앉을 | 좌 | 17 |
| | 左 | 왼 | 좌 | 62 |
| | 佐 | 도울 | 좌 | 70 |
| 죄 | 罪 | 허물 | 죄 | 16 |
| 주 | 宙 | 집 | 주 | 4 |
| | 珠 | 구슬 | 주 | 10 |
| | 周 | 두루 | 주 | 16 |
| | 州 | 고을 | 주 | 80 |
| | 主 | 임금 | 주 | 81 |
| | 奏 | 아뢸 | 주 | 97 |
| | 晝 | 낮 | 주 | 109 |
| | 酒 | 술 | 주 | 110 |
| | 誅 | 벨 | 주 | 117 |
| 준 | 俊 | 준걸 | 준 | 74 |
| | 遵 | 좇을 | 준 | 77 |
| 중 | 重 | 무거울 | 중 | 11 |
| | 中 | 가운데 | 중 | 89 |
| 즉 | 則 | 곧 | 즉 | 35 |
| | 卽 | 곧 | 즉 | 93 |
| 증 | 增 | 더할 | 증 | 92 |

| | | | | |
|---|---|---|---|---|
| | 靜 | 고요 | 정 | 52 |
| | 情 | 뜻 | 정 | 52 |
| | 丁 | 창정 | 정 | 73 |
| | 精 | 정할 | 정 | 78 |
| | 亭 | 정자 | 정 | 81 |
| | 庭 | 뜰 | 정 | 83 |
| 제 | 帝 | 임금 | 제 | 13 |
| | 制 | 지을 | 제 | 14 |
| | 諸 | 모두 | 제 | 47 |
| | 弟 | 이을 | 제 | 48 |
| | 濟 | 건널 | 제 | 72 |
| | 祭 | 제사 | 제 | 112 |
| 조 | 調 | 고를 | 조 | 7 |
| | 鳥 | 새 | 조 | 13 |
| | 弔 | 조상 | 조 | 16 |
| | 朝 | 아침 | 조 | 17 |
| | 造 | 지을 | 조 | 50 |
| | 操 | 잡을 | 조 | 54 |
| | 罷 | 이을 | 조 | 71 |
| | 趙 | 나라 | 조 | 75 |
| | 組 | 인끈 | 조 | 94 |
| | 條 | 가지 | 조 | 98 |
| | 早 | 이를 | 조 | 99 |
| | 彫 | 마를 | 조 | 99 |
| | 糟 | 재강 | 조 | 105 |
| | 釣 | 낚시 | 조 | 119 |
| | 照 | 비칠 | 조 | 123 |
| | 眺 | 볼 | 조 | 126 |

| | | | | |
|---|---|---|---|---|
| 침 | 沈 | 잠길 | 침 | 95 |
| 칭 | 稱 | 일컫을 | 칭 | 10 |
| 탐 | 耽 | 즐길 | 탐 | 102 |
| 탕 | 湯 | 끓을 | 탕 | 16 |
| 태 | 殆 | 위태 | 태 | 93 |
| 택 | 宅 | 집 | 택 | 71 |
| 토 | 土 | 흙 | 토 | 76 |
| 통 | 通 | 통할 | 통 | 62 |
| 퇴 | 退 | 물러날 | 퇴 | 51 |
| 투 | 投 | 던질 | 투 | 49 |
| 특 | 特 | 소 | 특 | 116 |
| 파 | 頗 | 자못 | 파 | 78 |
| | 杷 | 나무 | 파 | 99 |
| 팔 | 八 | 여덟 | 팔 | 66 |
| 패 | 沛 | 자빠질 | 패 | 51 |
| | 覇 | 으뜸 | 패 | 75 |
| 팽 | 烹 | 삶을 | 팽 | 105 |
| 평 | 平 | 평할 | 평 | 17 |
| 폐 | 陛 | 섬돌 | 폐 | 61 |
| | 弊 | 헤질 | 폐 | 77 |
| 포 | 飽 | 배부를 | 포 | 105 |
| | 捕 | 잡을 | 포 | 117 |
| | 布 | 베 | 포 | 118 |
| 표 | 表 | 겉 | 표 | 30 |
| | 飄 | 날릴 | 표 | 100 |
| 피 | 被 | 입을 | 피 | 21 |
| | 波 | 저 | 피 | 26 |
| | 疲 | 가쁠 | 피 | 52 |

| | | | | |
|---|---|---|---|---|
| | 超 | 뛸 | 초 | 116 |
| | 誚 | 꾸짖을 | 초 | 127 |
| 촉 | 燭 | 촛불 | 촉 | 108 |
| 촌 | 寸 | 마디 | 촌 | 33 |
| 총 | 寵 | 고일 | 총 | 92 |
| 최 | 最 | 가장 | 최 | 78 |
| | 催 | 재촉 | 최 | 122 |
| 추 | 秋 | 가을 | 추 | 6 |
| | 推 | 밀 | 추 | 15 |
| | 逐 | 쫓을 | 추 | 53 |
| 출 | 出 | 날 | 출 | 9 |
| | 黜 | 내칠 | 출 | 87 |
| 충 | 忠 | 충성 | 충 | 35 |
| | 充 | 채울 | 충 | 104 |
| 취 | 取 | 취할 | 취 | 38 |
| | 吹 | 불 | 취 | 60 |
| | 聚 | 모을 | 취 | 63 |
| | 翠 | 푸를 | 취 | 99 |
| 측 | 昃 | 기울 | 측 | 5 |
| | 惻 | 슬플 | 측 | 50 |
| 치 | 致 | 이룰 | 치 | 8 |
| | 侈 | 사치할 | 치 | 68 |
| | 馳 | 달릴 | 치 | 79 |
| | 治 | 다스릴 | 치 | 85 |
| | 恥 | 부끄러울 | 치 | 93 |
| 칙 | 勅 | 칙서 | 칙 | 89 |
| 친 | 親 | 친할 | 친 | 106 |
| 칠 | 漆 | 옷칠 | 칠 | 64 |

| | | | | |
|---|---|---|---|---|
| | 且 | 또 | 차 | 111 |
| 찬 | 讚 | 기릴 | 찬 | 28 |
| 찰 | 察 | 살필 | 찰 | 90 |
| 참 | 斬 | 벨 | 참 | 117 |
| 창 | 唱 | 부를 | 창 | 45 |
| 채 | 菜 | 나물 | 채 | 11 |
| | 綵 | 채색 | 채 | 58 |
| 책 | 策 | 꾀 | 책 | 69 |
| 처 | 處 | 곳 | 처 | 95 |
| 척 | 尺 | 자 | 척 | 33 |
| | 陟 | 올릴 | 척 | 87 |
| | 慼 | 슬플 | 척 | 97 |
| | 戚 | 겨레 | 척 | 106 |
| 천 | 天 | 하늘 | 천 | 4 |
| | 川 | 내 | 천 | 38 |
| | 賤 | 천할 | 천 | 44 |
| | 千 | 일천 | 천 | 66 |
| | 踐 | 밟을 | 천 | 76 |
| 첨 | 瞻 | 볼 | 첨 | 126 |
| 첩 | 妾 | 첩 | 첩 | 107 |
| | 牒 | 편지 | 첩 | 114 |
| 청 | 聽 | 들을 | 청 | 31 |
| | 淸 | 서늘 | 청 | 36 |
| | 靑 | 푸를 | 청 | 79 |
| 체 | 體 | 몸 | 체 | 19 |
| 초 | 草 | 풀 | 초 | 21 |
| | 初 | 처음 | 초 | 40 |
| | 楚 | 나라 | 초 | 75 |

| | | | | |
|---|---|---|---|---|
| | 皇 | 임금 | 황 | 13 |
| | 煌 | 빛날 | 황 | 108 |
| | 惶 | 두려울 | 황 | 113 |
| 회 | 懷 | 품을 | 회 | 112 |
| | 回 | 돌아올 | 회 | 73 |
| | 會 | 모을 | 회 | 76 |
| | 徊 | 배회 | 회 | 126 |
| | 晦 | 그믐 | 회 | 123 |
| 획 | 獲 | 얻을 | 획 | 117 |
| 횡 | 橫 | 비낄 | 횡 | 75 |
| 효 | 效 | 본받을 | 효 | 24 |
| | 孝 | 효도 | 효 | 35 |
| 후 | 後 | 뒤 | 후 | 112 |
| 훈 | 訓 | 가르칠 | 훈 | 46 |
| 휘 | 暉 | 빛날 | 휘 | 122 |
| 훼 | 毁 | 헐 | 훼 | 23 |
| 휴 | 虧 | 이지러질 | 휴 | 51 |
| 흔 | 欣 | 기쁠 | 흔 | 97 |
| 흥 | 興 | 일 | 흥 | 36 |
| 희 | 羲 | 복희 | 희 | 122 |
| | | | | |
| | | | | |
| | | | | |
| | | | | |
| | | | | |
| | | | | |
| | | | | |

| | | | | |
|---|---|---|---|---|
| | 絃 | 줄 | 현 | 110 |
| | 懸 | 달 | 현 | 123 |
| 협 | 俠 | 낄 | 협 | 65 |
| 형 | 形 | 형상 | 형 | 30 |
| | 馨 | 꽃다울 | 형 | 37 |
| | 兄 | 맏 | 형 | 48 |
| | 衡 | 저울대 | 형 | 70 |
| | 刑 | 형벌 | 형 | 77 |
| 혜 | 惠 | 은혜 | 혜 | 73 |
| | 嵇 | 메 | 혜 | 118 |
| 호 | 號 | 이름 | 호 | 10 |
| | 好 | 좋을 | 호 | 54 |
| | 戶 | 문 | 호 | 66 |
| | 乎 | 온 | 호 | 128 |
| 홍 | 洪 | 넓을 | 홍 | 4 |
| 화 | 火 | 불 | 화 | 13 |
| | 化 | 될 | 화 | 21 |
| | 禍 | 재화 | 화 | 32 |
| | 和 | 화할 | 화 | 45 |
| | 華 | 빛날 | 화 | 55 |
| | 畵 | 그림 | 화 | 58 |
| 환 | 桓 | 굳셀 | 환 | 72 |
| | 歡 | 기쁠 | 환 | 97 |
| | 紈 | 깁 | 환 | 108 |
| | 丸 | 탄자 | 환 | 118 |
| | 環 | 고리 | 환 | 123 |
| 황 | 黃 | 누루 | 황 | 4 |
| | 荒 | 거칠 | 황 | 4 |

| | | | | |
|---|---|---|---|---|
| 필 | 必 | 반듯 | 필 | 25 |
| | 筆 | 붓 | 필 | 119 |
| 핍 | 逼 | 가까울 | 핍 | 94 |
| 하 | 河 | 물 | 하 | 12 |
| | 遐 | 밀 | 하 | 19 |
| | 下 | 아래 | 하 | 45 |
| | 夏 | 여름 | 하 | 55 |
| | 何 | 어찌 | 하 | 77 |
| | 荷 | 연꽃 | 하 | 98 |
| 학 | 學 | 배울 | 학 | 42 |
| 한 | 寒 | 찰 | 한 | 5 |
| | 漢 | 한수 | 한 | 73 |
| | 韓 | 나라 | 한 | 77 |
| | 閑 | 한가 | 한 | 95 |
| 함 | 鹹 | 짤 | 함 | 12 |
| 합 | 合 | 모을 | 합 | 72 |
| 항 | 恒 | 항상 | 항 | 81 |
| | 抗 | 겨룰 | 항 | 92 |
| 해 | 海 | 바다 | 해 | 12 |
| | 解 | 풀 | 해 | 94 |
| | 骸 | 뼈 | 해 | 115 |
| | 駭 | 놀랄 | 해 | 116 |
| 행 | 行 | 다닐 | 행 | 29 |
| | 幸 | 다행 | 행 | 93 |
| 허 | 虛 | 빌 | 허 | 31 |
| 현 | 玄 | 검울 | 현 | 4 |
| | 賢 | 어질 | 현 | 29 |
| | 縣 | 고을 | 현 | 66 |

# 李 亨 雨

號：松浦
一九四六年 生
本籍：慶北 醴泉
現在：松浦書藝院長
住所：서울시 동대문구 망우로 21(휘경동)

著書
松浦 楷書千字文
松浦 五體千字文
秋史書體千字文

# 松浦
# 秋史書體 千字文

2017年 1月 5日 초판 발행

저자 李 亨 雨
주소 서울시 동대문구 망우로 21
전화 02-2246-9025

발행처　　(주)이화문화출판사

등록번호 제300-2015-92
주소 서울시 종로구 사직로10길 17(내자동 인왕빌딩)
전화 02-732-7091~3　FAX 02-725-5153
홈페이지 www.makebook.net

값 15,000원